W0410498

MATEMÁTICAS 6

Primer trimestre

Gloria Alonso
Emma Isabel Bernal
Luis Ferrero
Pablo Martín

PRIMARIA

ANAYA
APRENDER ES CRECER

Índice

Qué voy a estudiar

Resuelvo problemas	Cálculo mental	Tarea
• Organizo la información.	• Sumar 12, 22, 32… a números de dos cifras. • Restar 12, 22, 32… a números de tres cifras.	• El sistema solar.
• Sigo unos pasos.	• Sumar y restar 8, 18, 28… a números de tres cifras.	• En el concierto.
• Analizo las soluciones.	• Multiplicar por 5 números de dos cifras. • Dividir entre 5 números de tres cifras.	• En el pantano.
• Hago un esquema.	• Multiplicar por 25 números de dos y de tres cifras. • Dividir entre 25 números de tres cifras.	• En el vivero.
• Ordeno el enunciado.	• Multiplicar por 20 números de dos cifras. • Dividir entre 20 números de tres cifras.	• Salvemos el Ártico.
	Repaso trimestral	
• Selecciono los datos necesarios.	• Multiplicar por 21 números de dos cifras. • Multiplicar por 19 números de dos cifras.	• El no cumpleaños.
• Hago preguntas intermedias.	• Multiplicar por 0,2 números de dos cifras. • Dividir entre 0,2 números de dos cifras.	• La ampliación del huerto.
• Expreso con claridad el proceso.	• Multiplicar por 0,4 números de dos cifras. • Dividir entre 0,4 números de dos cifras.	• El premio merecido.
• Elijo la pregunta.	• Multiplicar por 0,25 números de dos cifras. • Dividir entre 0,25 números de dos cifras.	• Una comida en familia.
• Utilizo una tabla.	• Multiplicar por 1,5 números de una y de dos cifras. • Multiplicar por 0,75 números de una y de dos cifras.	• Campamento en una reserva natural.
	Repaso trimestral	
• Busco y corrijo el error.	• Calcular el 10 % de una cantidad. • Calcular el 20 % de una cantidad.	• La visita a la biblioteca.
• Simplifico el problema resolviendo por partes.	• Calcular el 30 % de una cantidad. • Calcular el 60 % de una cantidad.	• Una mañana en bicicleta.
• Empiezo el problema por el final.	• Calcular el 25 % de una cantidad. • Calcular el 75 % de una cantidad.	• Viaje turístico en familia.
• Busco regularidades.	• Aumentar en un 10 % una cantidad. • Disminuir en un 10 % una cantidad.	• Tras un día en el parque de atracciones.
• Busco todos los casos posibles.	• Aumentar en un 25 % una cantidad. • Disminuir en un 25 % una cantidad.	• El taller de cocina.
	Repaso trimestral	

1 Sistema de numeración decimal

La necesidad de contar surge a la vez que la civilización y lleva aparejada el nacimiento de los números y de los distintos sistemas de numeración.

Los egipcios utilizaban signos de distinto valor que se sumaban para formar las cantidades. Los romanos usaban letras con valores numéricos. Nosotros empleamos un sistema de numeración decimal formado por diez símbolos inventado por los hindúes en el siglo VI.

Me expreso

1 ¿Quiénes inventaron el sistema de numeración decimal?

2 ¿Qué símbolos utilizaban los romanos para escribir números?

3 ¿Qué valor tiene cada uno de los símbolos del número escrito en la tabla del matemático hindú?

4 Además de para contar y ordenar, ¿para qué se pueden utilizar los números?

5 ¿Por qué crees que son necesarios los números?

QUÉ SABEMOS

El número 2463525 se representa así:

UMM	CM	DM	UM	C	D	U
2	4	6	3	5	2	5

Se lee: dos millones cuatrocientos sesenta y tres mil quinientos veinticinco

1 UMM = 10 CM = 100 DM = 1000 UM = 10000 C = 100000 D = 1000000 U

1 Copia y completa en tu cuaderno.

a) 5 UMM = … UM = … U

b) 3 UMM = … UM = … U

c) … UMM = 4000 UM = … U

d) … UMM = 2000 UM = … U

e) … UMM = … UM = 8000000

f) … UMM = 6000 UM = … U

2 Escribe con letras los habitantes de estas comunidades autónomas:

ANDALUCÍA
8402305 habitantes

CASTILLA Y LEÓN
2494790 habitantes

COMUNIDAD VALENCIANA
5111706 habitantes

3 Escribe con cifras.

a) Tres millones quinientos mil doscientos seis

b) Nueve millones treinta y cuatro mil ochocientos

c) Dos millones cuatrocientos siete mil noventa

4 Contesta.

a) ¿Cuántas centenas de millar hacen un millón? ¿Y unidades de millar?

b) ¿Cuáles son los dos números más próximos al millón?

c) ¿Cuántas decenas de millar hay en medio millón?

El sistema de numeración decimal

Agrupamos de diez en diez. Cada diez unidades forman una unidad del orden superior.

MILLONES		MILLARES			UNIDADES		
DMM	UMM	CM	DM	UM	C	D	U

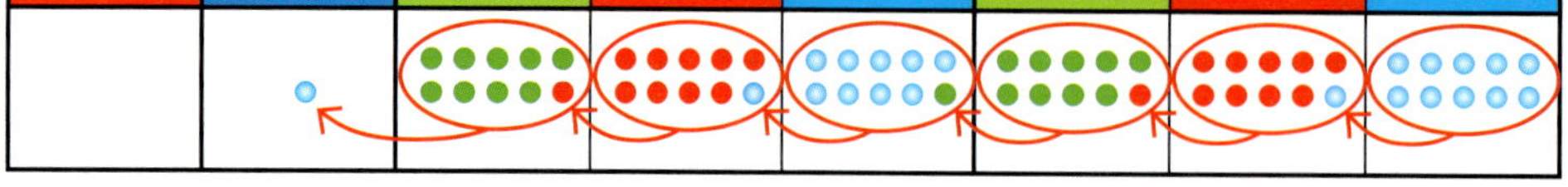

El valor de una cifra en un número depende del lugar que ocupa en él.

UMM	CM	DM	UM	C	D	U
2	5	0	3	5	1	8

→ Vale 500 unidades.
→ Vale 500 000 unidades.

El número 2 503 518 se descompone así:

2 503 518 = 2 UMM + 5 CM + 3 UM + 5 C + 1 D + 8 U

2 503 518 = 2 000 000 + 500 000 + 3 000 + 500 + 10 + 8

Nuestro sistema de numeración es:

Decimal, porque diez unidades de un orden forman una unidad del orden superior.

Posicional, porque el valor de una cifra depende del lugar que ocupa en el número.

1 Escribe cómo se leen estos números:

a) 20 936 000 b) 99 999 990 c) 70 000 619 d) 13 330 893

2 Escribe con cifras.

a) Siete millones cuarenta mil quince

b) Doce millones doscientos mil setecientos cinco

c) Diez millones quinientos mil

3 Descompón estos números como en el ejemplo:

4 101 007 = 4 UMM + 1 CM + 1 UM + 7 U
4 101 007 = 4 000 000 + 100 000 + 1 000 + 7

a) 2 093 600 c) 9 909 090 e) 2 006 002 g) 38 506 058

b) 1 030 893 d) 7 000 161 f) 5 993 330 h) 56 060 606

4 ¿Qué número corresponde a cada descomposición?

a) 7 CM + 7 UM + 7 C + 7 U

b) 5 UMM + 2 DM + 9 UM + 8 D + 5 U

c) 3 000 000 + 7 000 + 40 + 1

d) 10 000 000 + 5 000 000 + 3 000 + 300 + 7

5 ¿Cuál es el valor de la cifra 8 en estos números?

8 067 000	6 938 405	1 330 893	25 803 003

6 Escribe los tres números siguientes a 990 099.

7 Copia y completa con el signo > o <, según corresponda.

a) 340 614 ◯ 340 146

b) 700 027 ◯ 702 777

c) 760 890 ◯ 760 809

d) 6 501 076 ◯ 6 501 067

e) 9 236 614 ◯ 9 240 100

f) 3 904 046 ◯ 3 900 446

8 Ordena de menor a mayor en cada caso.

a) 4 607 144 - 4 614 790 - 4 680 000 - 4 460 115

b) 3 850 200 - 3 805 020 - 3 805 200 - 3 800 520

c) 7 902 405 - 7 902 504 - 7 902 045 - 7 900 245

9 Contesta a las siguientes preguntas:

a) Si al número 300 725 le añades un 0 al final, ¿qué número obtienes?

b) ¿Cuál es el mayor número de siete cifras todas distintas?

c) Sin utilizar el 0, ¿cuál es el menor?

d) ¿Cuál es el mayor número de siete cifras que termina en 6?

10 Redondea estos números a las unidades de millón:

a) 6 145 689 b) 2 739 170 c) 7 965 400 d) 3 048 000

11 ¿Cuántas decenas de millar le faltan a seis centenas de millar para valer un millón?

CÁLCULO MENTAL

Sumar 12, 22, 32… a números de dos cifras.

57 →(+10) 67 →(+2) 69; 57 →(+12) 69

19 + 12	72 + 12	27 + 22	38 + 32	46 + 32
27 + 12	19 + 22	72 + 22	46 + 32	69 + 32

Los números grandes en el SND

El **sistema de numeración decimal** permite expresar con comodidad números de cualquier tamaño.

Los planetas Mercurio, Tierra y Saturno giran, a diferentes distancias, alrededor del Sol.

	MILLONES				MILLARES			UNIDADES		
	UMMM	CMM	DMM	UMM	CM	DM	UM	C	D	U
MERCURIO			5	7	9	0	0	0	0	0
TIERRA		1	4	9	6	0	0	0	0	0
SATURNO	1	4	2	7	0	0	0	0	0	0

57 900 000 km ⟶ Cincuenta y siete millones novecientos mil kilómetros

149 600 000 km ⟶ Ciento cuarenta y nueve millones seiscientos mil kilómetros

1 427 000 000 km ⟶ Mil cuatrocientos veintisiete millones de kilómetros

Un **billón** es un número formado por la unidad seguida de doce ceros.

BILLONES	MILLONES	MILLARES
1	000 000	000 000

Un billón es un millón de millones.

1 Escribe cómo se leen estos números:

a) 126 247 380
b) 348 500 000
c) 264 650 000
d) 3 620 000 000
e) 7 860 450 000
f) 4 125 500 000
g) 10 902 092 000
h) 15 888 888 000

2 Escribe con cifras.

a) Veintitrés millones setecientos mil novecientos ochenta
b) Dos millones quinientos treinta mil
c) Cuarenta y tres millones ochocientos mil
d) Ciento sesenta y seis millones
e) Mil millones doscientos cincuenta mil siete

3 Copia la tabla en tu cuaderno y redondea estos números:

	REDONDEA A LAS	
	CENTENAS DE MILLAR	UNIDADES DE MILLÓN
12 706 980		
39 260 000		
95 643 800		
77 190 500		

4 Escribe con cifras.

a) Tres billones

b) Nueve billones doscientos millones

c) Dos billones cuatrocientos veintitrés mil tres millones

5 Escribe con letras.

a) 9 900 000 600 000 b) 1 000 500 000 000 c) 5 500 100 000 400

6 Copia y completa con >, < o =, según corresponda.

a) 21 000 900 ◯ 21 000 900

b) 533 128 800 ◯ 530 128 800

c) 1 250 590 000 000 ◯ 1 250 590 100 000

Resuelvo problemas

7 La edad de la Tierra se estima en cuatro mil quinientos millones de años. Escribe con cifras esta cantidad.

8 En la actualidad, se calcula que la población mundial es de siete mil doscientos sesenta y cinco millones de personas. Escribe con cifras esta cantidad.

CÁLCULO MENTAL

Restar 12, 22, 32… a números de tres cifras.

176 $\xrightarrow{-10}$ 166 $\xrightarrow{-2}$ 164 (−12)

139 – 12	270 – 12	254 – 22	543 – 32	750 – 32
154 – 12	343 – 22	470 – 22	151 – 32	810 – 32

Los números romanos

El **sistema de numeración romano** utilizaba letras mayúsculas para representar los números.

Para escribir números, seguían estas reglas:

1.º Solo las letras I, X, C y M se pueden repetir dos o tres veces seguidas.

III = 3 XX = 20

CCC = 300 MM = 2000

2.º Si una letra se pone a la derecha de otra de igual o mayor valor, se suman sus valores.

XV = 10 + 5 = 15

LX = 50 + 10 = 60

3.º Las letras L, X y C escritas a la izquierda de otra de mayor valor le restan su valor.

XL = 50 – 10 = 40

CD = 500 – 100 = 400

4.º Una raya encima de una o varias letras indica que el número queda multiplicado por 1000.

$\overline{\text{IV}}$ = 4000

$\overline{\text{XX}}$L = 20050

1 Escribe en nuestro sistema los siguientes números romanos:

a) CCXLIX b) CMXCVII c) XCIX d) MCMXL e) $\overline{\text{XV}}$CD

2 Escribe con números romanos.

a) 238 b) 519 c) 368 d) 999 e) 2369

3 Realiza estas operaciones:

a) XII + XLVIII + XC

b) XXXVI + LXIII + DCLV

c) MCCXLV – DCCLXV

d) CXVI – XXIV

4 ¿A qué distancia en millas se encuentra Roma?

Resuelvo problemas

5 Publio llevaba CML sestercios. Si entregó LXXV a Nerón y CD a Agripina, ¿cuántos sestercios le quedan?

Los números ordinales

Los **números ordinales** se utilizan para indicar el orden o la posición.

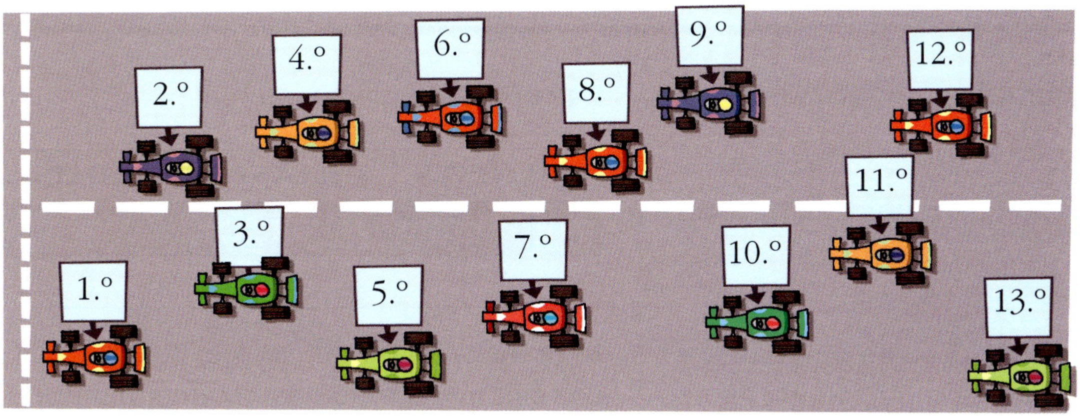

11.º Undécimo
12.º Duodécimo
13.º Décimo tercero
…
20.º Vigésimo

21.º Vigésimo primero
…
30.º Trigésimo
40.º Cuadragésimo
50.º Quincuagésimo

60.º Sexagésimo
70.º Septuagésimo
80.º Octogésimo
90.º Nonagésimo
100.º Centésimo

1 Escribe con letras.

a) 25.º b) 38.º c) 56.º d) 68.º e) 83.º f) 95.º

2 Escribe con cifras.

a) Décimo noveno
b) Trigésimo séptimo
c) Vigésimo quinto
d) Nonagésimo cuarto

3 Copia y completa la tabla en tu cuaderno.

ORDINAL ANTERIOR	NÚMERO ORDINAL	ORDINAL POSTERIOR
Décimo		
		Cuadragésimo segundo
	Septuagésimo noveno	

4 Continúa la serie y escribe el número que ocupa la posición vigésimo cuarta.

1 - 4 - 7 - 10 - 13 - 16…

Resuelvo problemas

5 Paloma y Josué han ido a visitar la Torre Espacio de Madrid. Desde la planta trigésima, Paloma ha decidido bajar una planta, y Josué, subir nueve plantas. ¿En qué planta se encuentra cada uno ahora?

REPASO LA UNIDAD

RECUERDO

El sistema de numeración decimal

Nuestro sistema de numeración es:

- Decimal, porque diez unidades de un orden forman una unidad del orden superior.
- Posicional, porque el valor de una cifra varía según la posición que ocupa en él.

Los números grandes en el SND

MILLONES			MILLARES			UNIDADES		
CMM	DMM	UMM	CM	DM	UM	C	D	U
	7	5	2	9	0	0	0	0

El número 75 290 000 se lee: setenta y cinco millones doscientos noventa mil.

Los números romanos

I = 1 V = 5 X = 10 L = 50 C = 100 D = 500 M = 1 000

Los números ordinales

Los números ordinales se utilizan para indicar el orden o la posición.

1 ¿Qué número representa el ábaco?

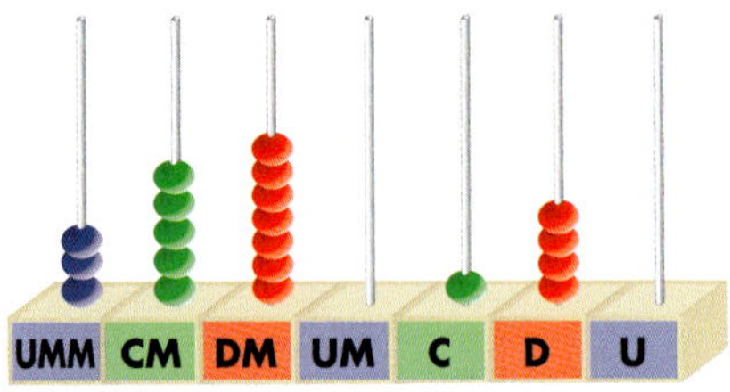

2 ¿Cuál es el valor de posición de la cifra 7 en cada uno de estos números?

a) 7 045 800 b) 20 099 570 c) 904 670 021

3 Copia y completa la tabla.

ANTERIOR	NÚMERO	POSTERIOR
	900 000	
	2 799 999	
	100 000 000	

4 Copia estos números, rodea la cifra de la unidad de millón y tacha la cifra de las decenas de millar:

a) 3 062 000 c) 415 750 000

b) 80 900 000 d) 206 732 000

5 Calcula cuántas unidades le faltan a cada número para valer diez millones.

a) 8 000 080 d) 7 450 000

b) 9 050 000 e) 6 066 000

c) 3 000 500 f) 9 990 900

6 Escribe con cifras.

a) Doce millones doscientos mil treinta y tres

b) Noventa y nueve millones novecientos noventa mil

c) Ocho mil ochocientos millones

d) Tres mil doscientos once millones cien mil

e) Dos billones seis mil millones

7 Escribe con letras los números de la tabla.

MILLONES						MILLARES			UNIDADES		
				2	8	3	7	4	5	0	9
		1	8	3	2	8	0	0	0	0	0
	2	5	0	0	0	0	0	0	0	0	0

8 ¿Qué número corresponde a cada descomposición?

a) 10 000 000 + 1 000 + 10

b) 8 000 000 + 700 000 + 5 000 + 400

c) 8 UMM + 3 DM + 2 UM + 5 D

d) 3 UMM + 6 CM + 9 UM + 3 C + 4 U

9 Copia y completa.

a) Mil unidades de millar hacen un…

b) Un millón de millones es un…

10 Copia y completa la tabla.

	MILLAR MÁS PRÓXIMO	MILLÓN MÁS PRÓXIMO
9 239 810		
3 296 250		
10 260 201		
35 733 891		

11 Escribe >, < o =, según corresponda.

a) 7 580 500 ◯ 7 UM + 8 CM + 5 DM

b) 1 300 702 ◯ 1 UM + 3 C + 7 D + 2 U

c) 208 803 ◯ 2 CM + 8 UM + 8 C + 3 U

12 Escribe los nombres ordenados de mayor a menor número de carné.

13 Si al número 990 000 le sumamos tres centenas de millar, ¿qué número obtenemos?

14 ¿Cuántos millones hay en un billón y medio?

15 Completa la tabla.

NÚMERO ROMANO	SISTEMA DECIMAL
CCCXCIX	
MDLXXXII	
	2 015
	10 099

16 Escribe con nuestro sistema decimal el año de estos acontecimientos:

MCDXCII

MCMLXIX

17 ¿Qué posición ocupa la letra J en el abecedario? ¿Y la letra V?

RESUELVO PROBLEMAS

18 Berta vive en la trigésima cuarta planta de un edificio y, su amigo Pedro, cinco plantas por debajo de ella. ¿En qué planta vive Pedro?

AVANZO

19 Elige la respuesta correcta.

a) Mil días son, aproximadamente:

3 años - 30 años - 300 años

b) Un millón de días son, aproximadamente:

30 años - 300 años - 3 000 años

20 ¿Cuántas decenas de millar le faltan a siete centenas de millar para valer un millón?

APRENDO A RESOLVER PROBLEMAS

ORGANIZO LA INFORMACIÓN

1 Leo el enunciado.

La numeración de los dorsales de los corredores del colegio Fresneda que han quedado finalistas cumplen estas tres condiciones:

1. El número de cada dorsal tiene tres cifras.
2. Todos los números son mayores que 400.
3. La suma de las cifras de cada número es 8.

Con estos datos, calcula cuántos corredores quedaron finalistas en la carrera.

2 Busco de forma ordenada los números que cumplen las tres condiciones.

a) Números que empiezan por 4 → 404 - 440 - 413 - 431 - 422 → Total: 5

b) Números que empiezan por 5 → 503 - 530 - 512 - 521 → Total: 4

c) Números que empiezan por 6 → 602 - 620 - 611 → Total: 3

d) Números que empiezan por 7 → 701 - 710 → Total: 2

e) Números que empiezan por 8 → 800 → Total: 1

3 Calculo la cantidad de números totales.

$$5 + 4 + 3 + 2 + 1 = 15$$

4 Escribo la solución.

Han quedado finalistas 15 corredores.

Problema 1

Asier sabe que un capicúa es un número que se lee igual de derecha a izquierda que de izquierda a derecha. Por ejemplo, el número 12321. ¿Cuántos números comprendidos enre 100 y 999 son capicúas?

Problema 2

Celia ha sumado nueve de los diez primeros números y ha obtenido 50. ¿Cuál es el número que no ha sumado?

Problema 3

Para numerar las páginas de un cuaderno se han empleado 55 cifras. ¿Cuántas páginas tiene el cuaderno?

Problema 4

Alonso ha metido en una bolsa los cincuenta primeros números, desde el 1 hasta el 50. María saca todos los números cuyas cifras suman diez; a continuación, Amaya saca todos los números que tengan un cero; por último, Begoña se queda con todos los números pares. De los números que quedan, Alonso se queda solo los que tienen la cifra 5. ¿Cuántos números quedan en la bolsa?

TAREA: El sistema solar

En clase estamos estudiando el sistema solar. El profesor nos ha dicho que, desde el año 2006, la Unión Astronómica Internacional estableció que el sistema solar está formado por ocho planetas y por otros cuerpos celestes como los cometas, los asteroides y los planetas enanos.

PLANETAS	DISTANCIA AL SOL	DIÁMETRO
Tierra	149 695 000 km	12 756 km
Neptuno	4 510 000 000 km	49 528 km
Marte	228 000 000 km	6 756 km
Saturno	1 427 657 000 km	120 536 km
Júpiter	781 210 000 km	142 984 km
Urano	2 873 250 000 km	47 300 km
Venus	108 300 000 km	12 103 km
Mercurio	57 950 000 km	4 878 km

1 ¿Cómo se leen las distancias al Sol de los planetas Tierra, Venus y Urano? Escríbelas en tu cuaderno.

2 ¿Cómo se lee la distancia del planeta Saturno al Sol? ¿Qué valores tiene la cifra 7 en este número?

3 Descompón, según su orden de unidades, el número que expresa la distancia al Sol del planeta Mercurio.

4 Redondea a las decenas de millón las distancias al Sol de Mercurio, Saturno y Urano.

5 Escribe los nombres de los planetas ordenados de menor a mayor distancia al Sol. ¿Qué planeta ocupa el primer lugar? ¿Y el último?

6 Observa los datos del planeta Marte y contesta.

a) ¿Qué distancia le separa del Sol?

b) ¿Qué lugar ocupa Marte, en relación con otros planetas, por su proximidad al Sol? ¿Y por su diámetro?

7 Neptuno es el planeta más alejado del Sol. ¿Qué distancia les separa? Escribe con letras esa distancia.

8 El diámetro de Marte redondeado a las centenas es 6 800 km. Escribe con números romanos esta cantidad.

2 Operaciones con números naturales

Gonzalo y su grupo van a participar en un concierto benéfico con la finalidad de ayudar a la asociación Sonríe. Gonzalo toca la batería desde que tenía seis años, pero nunca ha participado en un acto como este. Todos esperan que el concierto sea un éxito y se vendan todas las entradas.

Me expreso

1 Tres días antes del concierto se habían vendido 976 entradas. ¿Cuántas entradas quedan por vender?

2 Se han vendido 1354 entradas de forma anticipada, y el resto, en taquilla el mismo día del concierto. ¿Cuánto dinero se ha recaudado por la venta anticipada? ¿Y en taquilla?

3 El teatro cuenta con 18 palcos con el mismo número de asientos cada uno. Si 108 personas vieron el concierto desde el palco, ¿cuántos asientos tiene cada uno?

4 ¿Qué es un concierto benéfico?

5 ¿Tocas algún instrumento musical? En caso afirmativo, explica a tus compañeros cuál es y a qué edad empezaste a tocarlo.

QUÉ SABEMOS

RELACIONES ENTRE LA SUMA Y LA RESTA

859 − 346 = 513	513 + 346 = 859	859 − 513 = 346
M − S = D	S + D = M	M − D = S

PROPIEDADES DE LA SUMA Y DE LA MULTIPLICACIÓN

PROPIEDAD CONMUTATIVA	PROPIEDAD ASOCIATIVA
23 + 37 = 37 + 23 = 60	(12 + 23) + 37 = 12 + (23 + 37) = 72
13 × 8 = 8 × 13 = 104	(2 × 13) × 8 = 2 × (13 × 8) = 208

1 Copia en tu cuaderno y busca el minuendo.

a) … − 246 = 359
b) … − 762 = 150
c) … − 87 = 920
d) … − 528 = 478

2 Calcula y compara los resultados.

a) 238 + 56
56 + 258
b) 324 + 45
45 + 324
c) 23 × 12
12 × 23
d) 32 × 20
20 × 32
e) 3 × (10 × 5)
(3 × 10) × 5
f) (6 × 4) × 3
6 × (4 × 3)
g) 10 × (3 × 5)
(10 × 3) × 5
h) (4 × 7) × 8
4 × (7 × 8)

3 Un granjero necesita producir, al menos, 5 000 *l* de leche a la semana para que su granja sea rentable. En la tabla puedes ver la producción en litros de la semana pasada. Averigua si alcanzó o no la producción deseada y lo que sobró o faltó.

L	M	X	J	V	S	D
876	695	766	840	837	725	806

4 Un silo tiene capacidad para guardar dos millones de kilos de grano. A finales del mes de julio tenía almacenados 848 250 kilos, y después de guardar el resto de la cosecha, 1 563 700 kilos. ¿Cuántos kilos entraron después de julio? ¿Cuánto faltó para que se llenara?

La propiedad distributiva

Producto de una suma por un número

$$(27 + 12) \times 15 = 27 \times 15 + 12 \times 15$$

$$39 \times 15 = 405 + 180$$

$$585 = 585$$

Si multiplicamos el resultado de una suma por un número, obtenemos el mismo resultado que si multiplicamos cada sumando por ese número y luego sumamos.

Producto de una resta por un número

$$(27 - 12) \times 15 = 27 \times 15 - 12 \times 15$$

$$15 \times 15 = 405 - 180$$

$$225 = 225$$

Si multiplicamos el resultado de una resta por un número, obtenemos el mismo resultado que si multiplicamos cada término de la resta por ese número y luego restamos.

Sacar factor común

Cuando varios sumandos tienen un factor común, se puede convertir esa suma en un producto. Este es el proceso inverso a la propiedad distributiva.

$$5 \times 12 + 5 \times 6 - 5 \times 20 = 5 \times (12 + 16 - 20)$$

1 Calcula y compara los resultados en cada caso.

a) $5 \times 8 + 5 \times 12$

$5 \times (8 + 12)$

b) $15 \times 10 - 6 \times 10$

$(15 - 6) \times 10$

- ¿Qué propiedad se cumple?

2 Copia y calcula de dos formas distintas.

a) $12 \times 6 + 9 \times 6$

$(12 + 9) \times 6$

b) $(22 + 11) \times 6$

$22 \times 6 + 11 \times 6$

c) $15 \times 4 - 10 \times 4$

$(15 - 10) \times 4$

3 Aplica la propiedad distributiva y escribe mediante una suma y un producto estas operaciones:

a) $11 \times 7 + 8 \times 7$

b) $13 \times 6 - 13 \times 5$

c) $6 \times 32 + 6 \times 9$

d) $24 \times 3 - 21 \times 3$

e) $5 \times 15 + 5 \times 21$

f) $24 \times 3 - 12 \times 3$

g) $18 \times 6 + 32 \times 6$

h) $22 \times 13 + 22 \times 24$

i) $23 \times 20 + 53 \times 20$

4 Saca factor común y calcula:

a) $6 \times 14 + 6 \times 22 + 6 \times 15 - 6 \times 13$

b) $19 \times 8 + 24 \times 8 - 32 \times 8 + 41 \times 8$

c) $22 \times 10 + 53 \times 10 + 34 \times 10 - 15 \times 10$

d) $11 \times 19 + 11 \times 26 - 11 \times 37$

Resuelvo problemas

5 Un barco pesquero regresa a puerto con 148 cajas de boquerones, 39 cajas de sardinas y 86 cajas de caballa. Si cada caja tiene un peso aproximado de 12 kilos, ¿cuál es el peso total del pescado capturado? Aplica la propiedad distributiva.

6 Un comerciante recibe un pedido de 25 paquetes con 25 camisetas en cada uno. Si cada paquete le cuesta 250 euros y vende cada camiseta a 13 euros, ¿cuál será la ganancia? Plantea el problema utilizando la propiedad distributiva.

7 Cada día de trabajo Gloria gasta 7 € en transporte público y 12 € en comida. Si su jornada es de lunes a viernes, ¿cuál es el gasto semanal? ¿Y el gasto anual?

8 Sebastián, el taquillero del teatro, ha vendido 1 398 entradas el lunes, 1 460 el martes y 998 entradas ayer. Si cada entrada cuesta 9 €, ¿cuántas entradas vendió en total y cuál fue la recaudación? Resuélvelo aplicando la propiedad distrtributiva.

CÁLCULO MENTAL

Sumar 8, 18, 28… a números de tres cifras.

$253 \xrightarrow{+20} 273 \xrightarrow{-2} 271$ (253 + 18 = 271)

137 + 8	423 + 8	538 + 18	321 + 28	223 + 28
643 + 8	231 + 18	375 + 18	434 + 28	742 + 28

Práctica de la multiplicación

Para multiplicar 3 465 × 276, procedemos así:

		CM	DM	UM	C	D	U
				3	4	6	5
				×	2	7	6
3 465 × 6 U →			2	0	7	9	0
3 465 × 70 U →		2	4	2	5	5	
3 465 × 200 U →	+	6	9	3	0		
		9	5	6	3	4	0

Podemos expresar una multiplicación también con el símbolo · en lugar de ×.

3 565 × 276 3 565 · 276

1 Copia y calcula en tu cuaderno.

9 872 × 465 6 502 × 158 3 502 × 891 2 935 × 264

2 Multiplica.

a) 854 · 128 c) 502 · 108 e) 935 · 589

b) 285 · 386 d) 365 · 915 f) 502 · 891

3 Copia en tu cuaderno y une las multiplicaciones con sus resultados.

645 × 362 3 768 × 269 2 546 × 972 3 847 × 352

1 354 144 233 490 1 013 592 2 474 712

4 Copia en tu cuaderno y completa.

```
      7 9 5 □               6 3 6 □
    ×   □ 9 2             ×   1 8 2
    1 5 9 □ 6             1 2 □ 2 □
  □ □ 6 □ 2             5 □ 8 9 □
+ 7 9 5 8             + 6 3 6 □
  1 5 □ 7 □ 3 6         1 □ 5 □ 8 8 4
```

5 Calcula el resultado de estas multiplicaciones:

a) 1 374 × 326 c) 789 · 963 e) 823 × 456

b) 2853 · 452 d) 1 783 × 465 f) 795 · 555

Resuelvo problemas

6 Irene tiene una colección de 50 DVD de películas de 90 minutos de duración cada una. Si el precio de cada uno era de 11 €, ¿cuánto cuesta la colección completa? ¿Y cuántos minutos de duración tiene la colección completa?

7 Un camión transporta 108 vigas de hierro de 265 kg de peso cada una. ¿Cuál es el peso total de la carga?

8 En una reserva natural viven 327 elefantes adultos. Si cada uno come 298 kilos de forraje al día, ¿cuántos kilos de forraje comen entre todos al día?

9 En una campaña de vacunación infantil, se han adquirido 525 cajas con vacunas para 125 niños cada una. ¿Cuántos niños pueden ser vacunados en total?

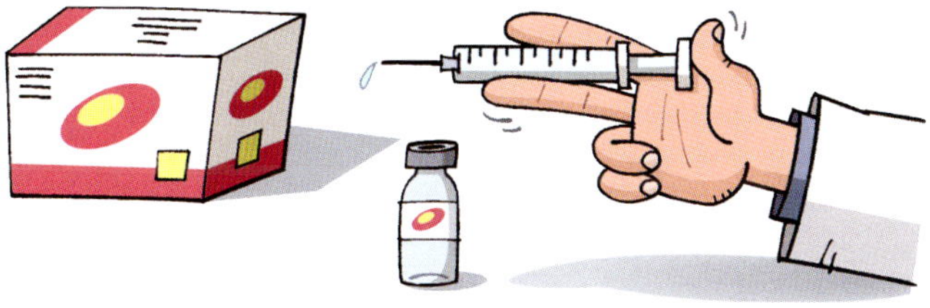

10 En el almacén de una imprenta hay 1 450 cajas que contienen 275 libros cada una. ¿Cuántos libros hay entre todas las cajas?

11 El producto de dos números de tres cifras consecutivos es 50 850. ¿Cuáles son esos números?

PIENSA UN POCO

¿Cuáles son los dos números que siguen en esta serie?

1 5 14 30 …

Práctica de la división

Para dividir 753 281 entre 246, procedemos así:

1.º Repartimos 753 UM entre 246.
Tocan a 3 UM y sobran 15 UM.
15 UM = 150 C

2.º 150 C + 2 C = 152 C
Como no podemos repartir 152 C entre 246, ponemos un cero en el cociente y continuamos la división.
152 C = 1 520 D

3.º 1 520 D + 8 D = 1 528 D
Repartimos 1 528 D entre 246.
Tocan a 6 D y sobran 52 D.
52 D = 520 U

4.º 520 U + 1 U = 521 U
Repartimos 521 U entre 246.
Tocan a 2 U y sobran 29 U.

CM	DM	UM	C	D	U
7	5	3	2	8	1
0	1	5	2	8	
		0	5	2	1
			0	2	9

Divisor: 246

UM	C	D	U
3	0	6	2

PRUEBA

d × c + r = D

```
     3062
    × 246
    18372
   12248
 + 6124
   753252
 +     29
   753281
```

3 062 × 246 + 29 = 753 281

1 Calcula y comprueba el resultado.

a) 11 285 | 158
b) 556 706 | 309
c) 67 908 | 678
d) 98 456 | 587

2 Divide sabiendo que hay ceros intermedios en cada cociente.

a) 3 066 : 15
b) 44 515 : 147

3 Simplifica como en el ejemplo y después calcula.

45~~0~~ : 5~~0~~ = 45 : 5 = 9

a) 320 : 80
b) 490 : 70
c) 7 200 : 900
d) 1 280 : 160
e) 58 800 : 1 200
f) 24 000 : 8 000

4 Copia y calcula estas divisiones en tu cuaderno.

a)
```
9□5 6 5 | 382
1 8 1□    247
 □8 8□
   □□□
```

b)
```
7 5 8□6 | 198
1 6 4 4   □□□
  0 6 0 6
      □□
```

Resuelvo problemas

5 Varios amigos quedan para ir a comprar entradas para el circo. Pagan con dos billetes de veinte euros y les devuelven un euro. Si cada entrada cuesta más de diez euros, ¿cuántos amigos son y cuánto les ha costado cada entrada?

6 El museo del Prado recibe alrededor de tres millones de visitantes al año. ¿Cuántos visitantes tendrá por término medio al día?

7 Copia en tu cuaderno el siguiente enunciado y coloca los datos que faltan observando su solución.

Una fábrica de bollería hornea cada día … bandejas de … magdalenas, las embolsan por docenas y las comercializan en cajas de … bolsas. ¿Cuántas cajas produce al día?

Total de magdalenas → 200 × 60 = 12 000

Total de bolsas → 12 000 : 12 = 1 000

Total de cajas → 1 000 : 10 = 100

Cada día producen 100 cajas.

8 Para comprar este coche, Ángela dio una entrada de 3 384 € y una cuota mensual durante tres años. ¿Cuánto pagó en cada cuota mensual?

CÁLCULO MENTAL

Restar 8, 18, 28… a números de tres cifras.

426 $\xrightarrow{-30}$ 396 $\xrightarrow{+2}$ 398 (−28)

234 – 8	364 – 8	836 – 18	634 – 28	523 – 28
346 – 8	322 – 18	537 – 18	465 – 28	546 – 28

Operaciones combinadas

Observa cómo se realizan las operaciones en la expresión asociada a cada una de estas situaciones:

En la hucha hay 40 €. Saco tres monedas de 2 € y meto un billete de 5 €.

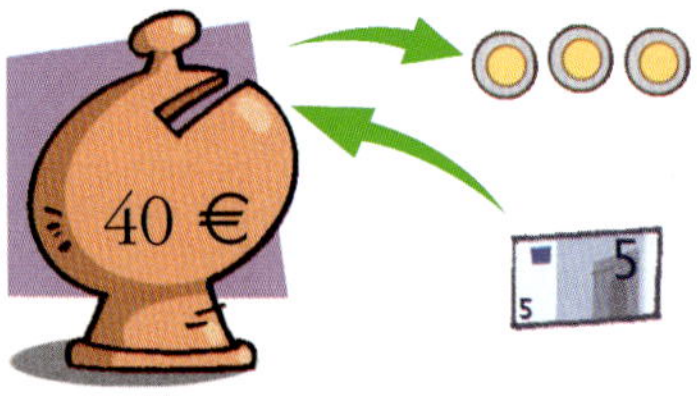

→ $40 - 3 \times 2 + 5$

$40 - 3 \times 2 + 5 = 40 - 6 + 5 = 34 + 5 = 39$

Primero, la multiplicación y, después, la resta y la suma.

En la cartera hay 40 €. Saco tres sobres con una moneda de 2 € y un billete de 5 € en cada uno.

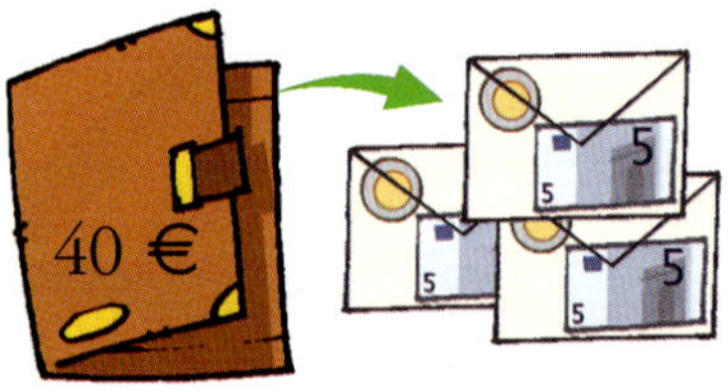

→ $40 - 3 \times (2 + 5)$

$40 - 3 \times (2 + 5) = 40 - 3 \times 7 = 40 - 21 = 19$

Primero, el paréntesis; después, la multiplicación y, al final, la resta.

En las expresiones con paréntesis y operaciones combinadas:

- Primero, resolvemos los paréntesis.
- Después, las multiplicaciones y las divisiones.
- Por último, las sumas y las restas.

1 Copia en tu cuaderno, completa y compara en cada caso.

a) $2 \times 8 - 3 = \ldots - 3 = \ldots$

$2 \times (8 - 3) = 2 \times \ldots = \ldots$

b) $24 : 6 + 2 = \ldots + 2 = \ldots$

$24 : (6 + 2) = 24 : \ldots = \ldots$

2 Resuelve.

a) $4 \times 3 + 5 \times 2$

b) $8 \times 2 - 20 : 4$

c) $24 : 3 - 30 : 6$

d) $24 : 6 + 3 \times 3$

3 Copia en tu cuaderno y completa.

a) $12 + 3 \times 2 + 4 = 12 + \ldots + 4 = \ldots$

b) $(12 + 3) \times 2 + 4 = \ldots \times 2 + 4 = \ldots$

c) $12 + 3 \times (2 + 4) = 12 + 3 \times \ldots = \ldots$

4 Selecciona la expresión o las expresiones que solucionan el problema y resuélvelo.

En un corral hay conejos y gallinas. Hemos contado 8 orejas y 36 patas. ¿Cuántas gallinas hay en el corral?

$8 : 2$ | 8×2 | $(36 - 4 \times 4) : 2$ | $36 - 16 : 4$

La calculadora

La calculadora es una herramienta de cálculo que se utiliza para realizar operaciones o para comprobar resultados.

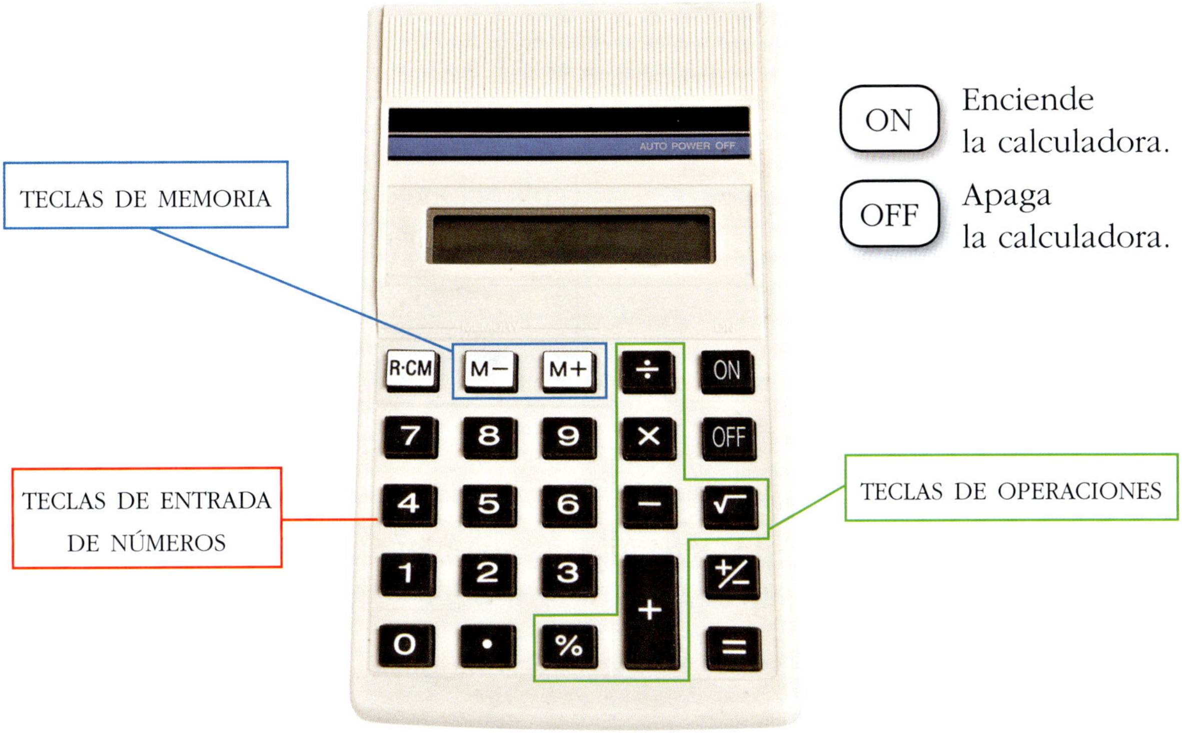

ON Enciende la calculadora.

OFF Apaga la calculadora.

1 Si pulsas en la calculadora las siguientes teclas, ¿qué número aparece?

3 6 + =

¿Y si pulsas estas otras? 3 6 + = + = + =

2 Comprueba con la calculadora qué ocurre si pulsas estas teclas:

4 5 − 5 = =

¿Cuántas veces habrá que pulsar = para que aparezca el número 0?

3 Si pulsas las teclas siguientes, ¿qué número aparece?

1 0 × =

¿Cuántas veces hay que pulsar la tecla = para que aparezca el número 1 000 000 en la pantalla?

4 Si pulsas en la calculadora estas teclas, ¿qué número aparece?

2 5 ÷ 5 = =

5 Comprueba cuántas veces hay que pulsar la tecla = para que al hacer 3125 : 5 aparezca el 1.

REPASO LA UNIDAD

RECUERDO

La propiedad distributiva

$$(12 + 3) \times 14 = 12 \times 14 + 3 \times 14$$
$$(12 - 3) \times 14 = 12 \times 14 - 3 \times 14$$

Sacar factor común

$$4 \times 11 + 4 \times 18 - 4 \times 23 =$$
$$= 4 \times (11 + 18 - 23)$$

Operaciones combinadas

Primero, se realizan las operaciones que están entre paréntesis; después, las multiplicaciones y las divisiones; por último, las sumas y las restas.

$$3 \times (5 + 1) - 20 : (8 - 6) =$$
$$= 3 \times 6 - 20 : 2 = 18 - 10 = 8$$

1 Calcula aplicando la propiedad distributiva.

a) $(12 + 17) \cdot 5$
b) $6 \times (12 - 8)$
c) $7 \cdot (29 - 12)$
d) $(16 - 14) \times 8$
e) $9 \times (34 + 16)$
f) $(121 + 3) \cdot 4$

2 Copia en tu cuaderno y completa.

a) $23 \times 14 + 35 \times 14 = (\ldots + \ldots) \times \ldots$
b) $8 \times 21 - 8 \times 12 = \ldots \times (\ldots - \ldots)$
c) $6 \times 23 - 6 \times 15 = \ldots \times (\ldots - \ldots)$
d) $31 \times 9 + 35 \times 9 = (\ldots + \ldots) \times \ldots$

3 Completa en tu cuaderno y calcula como en el ejemplo.

$7 \cdot (6 + 4) = 7 \cdot 6 + 4 \cdot 6 = 42 + 24 = 66$

a) $(10 - 5) \times 12 = \ldots - \ldots = \ldots - \ldots = \ldots$
b) $\ldots = 9 \cdot 5 + 12 \cdot 5 = \ldots + \ldots = \ldots$
c) $(13 - 6) \times 10 = \ldots - \ldots = \ldots - \ldots = \ldots$
d) $\ldots = 4 \times 23 - 4 \times 18 = \ldots - \ldots = \ldots$

4 Saca factor común y calcula el resultado.

a) $6 \cdot 5 + 7 \cdot 5 + 12 \cdot 5 - 8 \cdot 5$
b) $9 \cdot 8 - 4 \cdot 8 + 8 \cdot 8 + 12 \cdot 8$
c) $11 \cdot 3 + 16 \cdot 3 + 21 \cdot 3 - 30 \cdot 3$
d) $15 \cdot 8 + 10 \cdot 8 + 21 \cdot 8 - 30 \cdot 8$

5 Realiza estas multiplicaciones:

$$\begin{array}{r} 3067 \\ \times\ 279 \\ \hline \end{array} \qquad \begin{array}{r} 6739 \\ \times\ 358 \\ \hline \end{array} \qquad \begin{array}{r} 9543 \\ \times\ 465 \\ \hline \end{array}$$

6 Multiplica.

a) 29×37
b) 52×164
c) 99×258
d) 3109×2563
e) 1547×3008
f) 2790×4271

7 Copia y completa en tu cuaderno.

```
4 2 9 □ 6 5 | 527
  □ 7 4 6     8□4
    2 □ 9 □
      □ 8 7
```

8 Copia y completa la tabla en tu cuaderno.

DIVIDENDO	DIVISOR	COCIENTE	RESTO
76987	345		
97854	609		
	456	354	0
	567	243	9

9 Calcula.

a) $6 \times 3 - 5 \times 2 + 8 : 4$
b) $15 : 5 + 6 : 2 + 12 : 4$
c) $25 - 3 \times (6 + 2)$
d) $2 \times (7 - 3) + 3 \times (9 - 5)$

10 Calcula y compara los resultados.

a) 38 – 6 × (11 – 8 + 2)

b) (38 – 6) × (11 – 8 + 2)

c) 38 – 6 × (11 – 8) + 2

d) (38 – 6) × (11 – 8) + 2

11 Resuelve con ayuda de la calculadora.

a) 298 765 + 123 700

b) 8 976 008 – 567 843

c) 65 789 × 325

d) 897 654 : 8 796

12 Comprueba estas operaciones con ayuda de la calculadora y corrige los errores:

a) 7 659 + 435 = 8 394

b) 67 849 – 6 954 = 66 895

c) 8 569 × 354 = 333 426

d) 20 202 : 78 = 258

RESUELVO PROBLEMAS

13 Esta tabla recoge las entradas vendidas en un zoo en las dos últimas semanas:

L	M	X	J	V	S	D
0	1 570	1 328	1 576	1 913	2 333	2 581
0	1 296	1 287	1 602	2 250	2 425	2 488

a) ¿Cuál fue el día de mayor afluencia?

b) ¿Qué día cierra el zoo?

c) ¿En cuál de las dos semanas se vendieron más entradas? ¿Cuántas más?

14 Virginia tiene un álbum con 450 fotos. En todas las páginas de la derecha van cuatro fotos, y en todas las de la izquierda, seis fotos. ¿Cuántas hojas tiene el álbum?

15 En la fiesta de la empresa de Sara se han repartido 875 canapés. Si se servían en bandejas de 25 canapés cada una, ¿cuántas bandejas han necesitado para servirlos todos?

16 Escribe la expresión que corresponda y resuelve.

- Cristina ha sacado del cajero cinco billetes de 50 €, cinco billetes de 20 € y cinco billetes de 10 €. ¿Cuántos euros ha sacado del cajero?

17 Mencía y Ernesto han salido de casa con 147 euros.

- Han comprado en la carnicería:
  - Tres kilos de carne a 16 €/kg.
  - Medio kilo de embutido a 28 €/kg.
  - Kilo y cuarto de salchichas a 12 €/kg.

- Además han pagado 22 euros al recoger un encargo de la tintorería.
- Por último, han tomado un aperitivo que ha costado 11 euros y han pasado por el cajero para sacar 200 euros.

¿Con cuánto dinero vuelven a casa? Comprueba con la calculadora el resultado.

AVANZO

18 En un vivero hay 36 jardineras. En 15 de ellas hay plantadas 23 plantas y cada planta tiene 5 flores. En el resto de las jardineras hay plantadas 42 plantas y cada una tiene 9 flores. ¿Cuántas flores hay en total?

Aprendo a resolver problemas

SIGO UNOS PASOS

1 Leo el enunciado hasta entenderlo.

Juan tiene en una finca dos depósitos con 75 600 *l* de agua entre los dos. Sacó para regar 12 300 *l* de uno y 10 700 *l* del otro. Ahora, cada depósito tiene la misma cantidad de litros. ¿Cuántos litros hay en cada depósito?

2 Aclaro los datos y la pregunta.

Datos

- Había 75 600 litros de agua.
- Se sacan 12 300 y 10 700 litros.
- Queda la misma cantidad en cada depósito.

Pregunta

- ¿Cuántos litros hay en cada depósito?

3 Hago un dibujo para aclarar el problema.

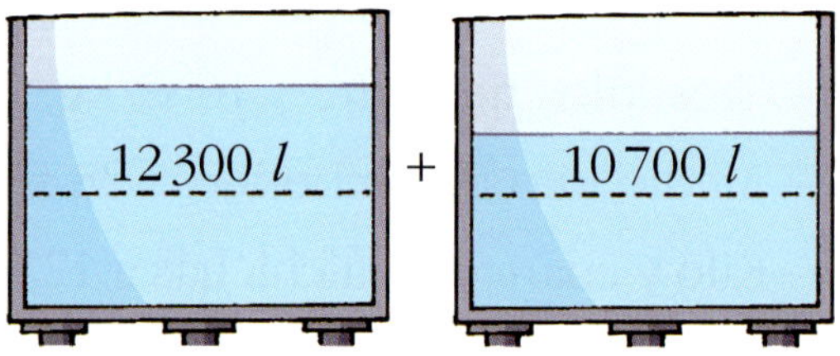

= 75 600 *l*

4 Planteo y realizo las operaciones.

Agua gastada → 12 300 + 10 700 = 23 000 *l*

Agua que queda → 75 600 – 23 000 = 52 600 *l*

Litros en cada depósito → 52 600 : 2 = 26 300 *l*

5 Escribo una frase con la solución.

Hay 26 300 litros en cada depósito.

Problema 1

Enrique tiene tres bolsas con canicas. En la primera hay 47 canicas, en la segunda 65 y en la tercera 98. Si quiere que cada bolsa tenga el mismo número de canicas, ¿cuántas canicas tendrá que pasar de la tercera bolsa a las otras dos?

Problema 2

En un colegio tienen dos fotocopiadoras. Una hace 10 800 fotocopias en una hora, y la otra, 7 200 fotocopias. Si Alejandra las pone en funcionamiento las dos a la vez, ¿cuántos segundos tardarán en sacar 100 fotocopias?

Tarea: En el concierto

Gonzalo quedó con sus amigos para dejar todo bien preparado y hacer el último ensayo antes del gran momento. Su profesor les ha pedido que lleven los instrumentos, preparen las partituras y todo quede ordenado.

	L	M	X	J	V
ENTRADAS VENDIDAS	206	351	248	328	221

1 Observa la tabla que ha hecho Gonzalo y que muestra las entradas vendidas por él y sus amigos los días previos al concierto mediante la venta anticipada. Si el precio de cada entrada era de 9 euros, ¿cuál fue la recaudación de cada día?

2 Las entradas vendidas en taquilla tienen un precio de 12 euros. Si la recaudación por estas entradas ha sido de 2772 euros, ¿cuántas entradas se han vendido en taquilla?

3 ¿Cuál fue la recaudación total entre la venta anticipada y la venta en taquilla?

4 Si el total del aforo de la sala se hubiera vendido por taquilla, ¿cuál habría sido la recaudación?

5 Una guitarra tiene 6 cuerdas y un violín tiene 4 cuerdas. Si en el grupo hay 8 guitarras y 12 violines, ¿cuántas cuerdas hay en total? Resuelve con una operación combinada.

6 Gonzalo está haciendo las cuentas y ha calculado lo que se ha recaudado con la venta de las entradas. Si se han pagado 850 euros por el alquiler del teatro y 125 euros a la imprenta, ¿cuál ha sido el beneficio final? Comprueba el resultado con la calculadora.

3 Potencias y raíz cuadrada

Pedro y Cristina son grandes amigos y comparten su pasión por la naturaleza. Cada fin de semana, si el tiempo acompaña, les gusta organizar una excursión al campo. Para el próximo, han pensado visitar el hayedo. Cada uno invitará a dos amigos, y cada amigo, a su vez, a otros dos; así se juntarán… ¡un buen grupo!

Me expreso

1 ¿Cuántos árboles tienen nido? ¿Cuántos nidos hay en cada árbol? ¿Y cuántas crías hay en cada nido? Expresa mediante una multiplicación el número total de crías que hay en todos los árboles.

2 Si Pedro y Cristina se encargan, cada uno, de avisar a dos amigos; y cada uno de estos avisa a dos amigos más, ¿cuántos amigos se juntan? ¿Cómo lo has calculado?

3 Con las fotos de la excursión, Pedro ha llenado cinco álbumes de cinco páginas cada uno y en cada página ha colocado cinco fotos. ¿Cuántas fotos tiene en total?

4 ¿Te parece conveniente proteger los espacios naturales? ¿Por qué?

$3 \times 3 \times 3 = 3^3$ ← Potencia

En una potencia, la **base** es el factor que se repite y el **exponente** es el número de veces que se repite la base.

Exponente

$3^3 = 3 \times 3 \times 3 = 3 \cdot 3 \cdot 3 = 27$ huevos

Base

4^2 → cuatro elevado a dos o cuatro al cuadrado

3^3 → tres elevado a tres o tres al cubo

6^5 → seis elevado a cinco o seis a la quinta

4^6 → cuatro elevado a seis o cuatro a la sexta

1 Expresa en forma de potencia.

a) $5 \times 5 \times 5 \times 5 \times 5$

b) $7 \cdot 7 \cdot 7 \cdot 7$

c) $8 \cdot 8 \cdot 8 \cdot 8 \cdot 8 \cdot 8$

d) $9 \times 9 \times 9$

2 Expresa en forma de producto.

a) 7^5 b) 4^2 c) 9^4 d) 5^4 e) 6^7 f) 8^3

3 Escribe un producto o una potencia, según corresponda.

a) $7 + 7 + 7 + 7 + 7$

b) $7 \times 7 \times 7 \times 7 \times 7$

c) $14 + 14 + 14$

d) $9 \cdot 9 \cdot 9 \cdot 9$

e) $8 \times 8 \times 8 \times 8$

f) $10 + 10 + 10 + 10$

4 Escribe cómo se leen estas potencias:

a) 8^6 b) 13^4 c) 6^7 d) 5^9 e) 3^8 f) 11^5

5 Mario tiene cuatro cajas; en cada caja, cuatro sobres; en cada sobre, cuatro fotografías, y en cada fotografía, cuatro mariposas. ¿Cuántas mariposas tiene en total? Exprésalo en forma de potencia.

6 En un jardín hay seis rosales, en cada rosal hay seis ramas, y en cada rama, seis rosas. ¿Cuántas rosas hay en total? Exprésalo en forma de potencia.

Potencias de base 10

Para calcular el valor de una potencia de base 10, basta con escribir un uno seguido de tantos ceros como indica el exponente.

$10^2 = 10 \times 10 = 100$ $\quad$ $10^3 = 10 \times 10 \times 10 = 1\,000$ $\quad$ $10^4 = 10 \times 10 \times 10 \times 10 = 10\,000$

Las **potencias de base 10** nos sirven para expresar, de forma abreviada, números muy grandes.

La población de China supera los 1 300 000 000 de habitantes; y la de España, los 47 000 000.

8 ceros

$1\,300\,000\,000 = 13 \times 10^8$

6 ceros

$47\,000\,000 = 47 \times 10^6$

1 Expresa como producto cada una de estas potencias:

a) 10^3 b) 10^6 c) 10^4 d) 10^2 e) 10^5

2 Expresa estas cantidades de forma abreviada, mediante potencias de base 10:

a) 100 000 c) 100 000 000 e) 1 000 000 000

b) 10 000 000 d) 10 000 f) 10 000 000 000 000

3 ¿Qué número representa cada expresión?

a) 6×10^7 c) 3×10^{10} e) 5×10^8

b) 4×10^6 d) 7×10^5 f) 3×10^6

4 Escribe utilizando potencias de base 10.

a) 7 000 c) 300 000 e) 4 000 000

b) 20 000 d) 60 000 f) 50 000 000

5 Copia en tu cuaderno y relaciona cada potencia con su expresión correspondiente.

10^6 $\quad$ 10^5 $\quad$ 10^8 $\quad$ 10^3 $\quad$ 10^2

100 000 000 $\quad$ 100 $\quad$ 1 000 000 $\quad$ 1 000 $\quad$ 100 000

6 Busca en Internet cuál es el valor de 10^0 y 10^1 y escríbelo en tu cuaderno.

7 Escribe con cifras y calcula.

a) Trece por diez elevado al cubo. c) Quince por diez elevado a seis.

b) Siete por diez elevado a siete. d) Nueve por diez elevado a ocho.

8 Copia la tabla en tu cuaderno y completa.

COMUNIDAD	NÚMERO DE HABITANTES	REDONDEO A LAS CENTENAS DE MILLAR	FORMA ABREVIADA
Andalucía	8 424 102	8 400 000	84×10^5
Castilla y León	2 558 463		
Galicia	2 795 422		
Madrid	6 489 680		
País Vasco	2 184 606		
Canarias	2 126 769		

9 ¿Cuántos cubitos pequeños contiene este cubo? Exprésalo como potencia de base 10.

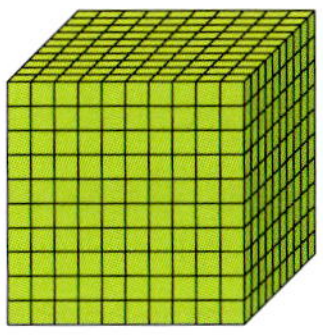

10 ¿A qué distancia se encuentra la nave del planeta?

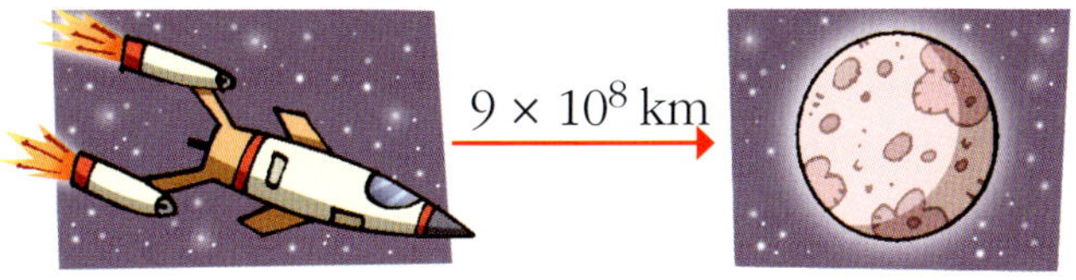

11 Observa la tabla y completa como en el ejemplo.

PLANETA	DISTANCIA AL SOL (EN km)
Venus	108 000 000
Tierra	150 000 000
Marte	228 000 000
Júpiter	781 000 000

La distancia de Venus al Sol es de 108×10^6 km.

a) La distancia de Marte al Sol es de ….

b) La distancia de Júpiter al Sol es de ….

c) La distancia de la Tierra al Sol es de ….

CÁLCULO MENTAL

Multiplicar por 5 números de dos cifras.

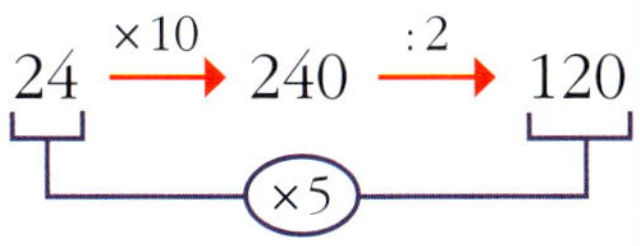

36 × 5	28 × 5	25 × 5	44 × 5	32 × 5
42 × 5	50 × 5	62 × 5	60 × 5	72 × 5

Descomposición polinómica de un número

Un número se puede descomponer según el valor posicional de sus cifras y, a su vez, esta descomposición expresarla mediante potencias de base 10.

En el hayedo hay censados 4562 ejemplares de hayas con más de 20 años de antigüedad.

$$4562 = 4000 + 500 + 60 + 2$$

$4000 = 4 \cdot 1000 = 4 \cdot 10^3$
$500 = 5 \cdot 100 = 5 \cdot 10^2$
$60 = 6 \cdot 10 = 6 \cdot 10$
$2 = 2 \cdot 1 = 2$

$$4562 = 4 \cdot 10^3 + 5 \cdot 10^2 + 6 \cdot 10 + 2$$

UM	C	D	U
10^3	10^2	10	1
4	5	6	2

La descomposición de un número en el que cada orden de unidades está representado por una potencia de base 10 recibe el nombre de **descomposición polinómica.**

1 Escribe la descomposición polinómica de cada uno de estos números:

UMM	CM	DM	UM	C	D	U
10^6	10^5	10^4	10^3	10^2	10	1
6	8	4	3	2	7	5
	9	3	2	5	0	4
5	0	8	7	6	5	3

2 Escribe la descomposición polinómica.

a) 600 000 + 70 000 + 500 + 90 + 3

b) 1 000 000 + 400 000 + 30 000 + 50 + 3

c) 800 000 + 60 000 + 4 000 + 200 + 50 + 9

d) 20 000 + 6 000 + 300 + 70 + 8

3 Escribe la descomposición polinómica de cada número.

a) 78 435 c) 12 345 e) 82 456

b) 9 705 d) 235 423 f) 23 605

4 Escribe el número que corresponde a cada descomposición polinómica.

a) $8 \cdot 10^4 + 6 \cdot 10^3 + 3 \cdot 10^2 + 7 \cdot 10 + 8$

b) $5 \cdot 10^5 + 7 \cdot 10^4 + 8 \cdot 10^3 + 5 \cdot 10^2 + 7 \cdot 10 + 4$

c) $9 \cdot 10^6 + 4 \cdot 10^5 + 3 \cdot 10^4 + 2 \cdot 10^3 + 8 \cdot 10^2 + 9 \cdot 10 + 1$

5 ¿Qué letra corresponde a cada número?

53 669 | 5 939 | 504 029

a) $5 \cdot 10^3 + 9 \cdot 10^2 + 3 \cdot 10 + 9$

b) $5 \cdot 10^5 + 4 \cdot 10^3 + 2 \cdot 10 + 9$

c) $5 \cdot 10^4 + 3 \cdot 10^3 + 6 \cdot 10^2 + 6 \cdot 10 + 9$

6 Escribe los números que corresponden a cada descomposición.

a) $8 + 9 \cdot 10^3 + 3 \cdot 10^4 + 7 \cdot 10^5$

b) $5 \cdot 10^4 + 6 \cdot 10^3 + 9 \cdot 10^2 + 4$

c) $7 + 5 \cdot 10^2 + 3 \cdot 10^4 + 7 \cdot 10^5$

d) $8 \cdot 10^6 + 5 \cdot 10^3 + 4 \cdot 10 + 9$

Resuelvo problemas

7 En el hayedo hay censadas $4 \cdot 10^2 + 3 \cdot 10$ especies de animales distintas. ¿Cuántas especies son?

8 La temperatura en el interior del Sol es de quince millones de grados centígrados. Exprésala mediante su descomposición polinómica.

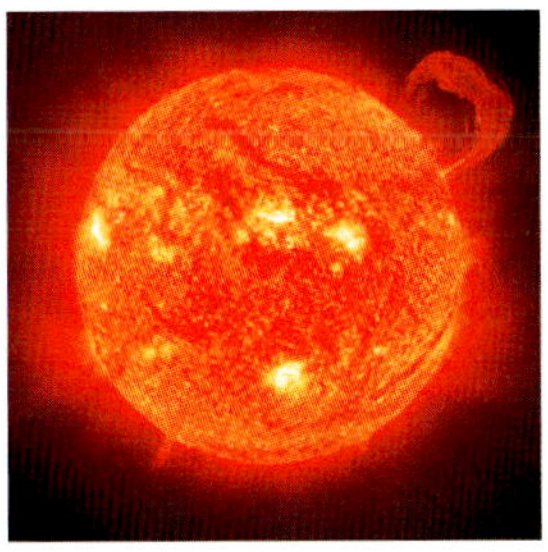

TEMPERATURA = 15 000 000 °C

9 En una analítica de sangre, el número aproximado de hematíes se sitúa en torno a los $6 \cdot 10^6$. ¿Cuántos millones de hematíes son?

CÁLCULO MENTAL

Dividir entre 5 números de tres cifras.

240 —(:10)→ 24 —(×2)→ 48 ; 240 (:5) 48

360 : 5	260 : 5	420 : 5	290 : 5	860 : 5
430 : 5	330 : 5	610 : 5	770 : 5	950 : 5

Raíz cuadrada

La **raíz cuadrada** de un número es otro número que, elevado al cuadrado, es igual al primero.

Símbolo de la raíz → $\sqrt{16} = 4$ ← Raíz cuadrada

Radicando: 16

La raíz cuadrada de 16 ($\sqrt{16}$) es igual a 4 porque $4^2 = 4 \times 4 = 16$.

Raíz cuadrada exacta

Los números cuya raíz cuadrada es exacta se llaman **cuadrados perfectos.**

$\sqrt{25} = 5$ $\sqrt{36} = 6$ $\sqrt{100} = 10$

25, 36 y 100 son cuadrados perfectos.

Raíz cuadrada entera

Cuando la raíz no es exacta, al número natural que más se aproxima, por debajo, lo llamamos **raíz entera.**

La raíz entera de 38 es 6 porque:

$\sqrt{38} \approx 6$ $6^2 = 36$ y $7^2 = 49$

1 Calcula como en el ejemplo.

$\sqrt{25} = 5$ porque $5^2 = 5 \cdot 5 = 25$

a) $\sqrt{16}$ b) $\sqrt{49}$ c) $\sqrt{64}$ d) $\sqrt{81}$

2 Calcula.

a) $\sqrt{121}$ b) $\sqrt{144}$ c) $\sqrt{169}$ d) $\sqrt{196}$

3 Calcula la raíz cuadrada exacta o entera de estos números.

a) 289 c) 32 e) 46 g) 45

b) 225 d) 131 f) 256 h) 42

4 Copia en tu cuaderno y completa la tabla.

NÚMERO	81	64	49	36	25	16	9	4	1
RAÍZ									

Resuelvo problemas

5 Un albañil tiene 144 baldosas cuadradas de 30 cm de lado. ¿Cuál es la mayor superficie cuadrada que puede cubrir con ellas? ¿Cuántas baldosas le sobran?

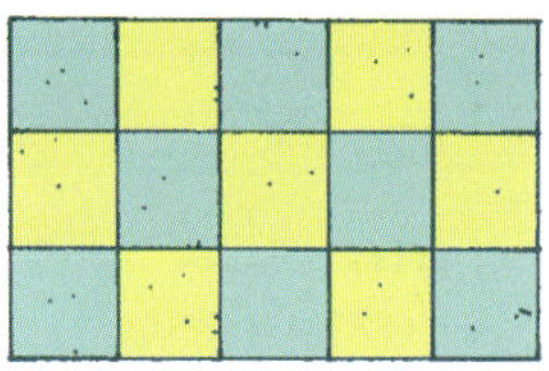

Raíz cuadrada y calculadora

Para calcular la raíz cuadrada de un número utilizando la calculadora, seguimos estos pasos:

1.º Escribimos el número del que deseamos calcular su raíz utilizando el teclado numérico.

2.º Presionamos el botón de la raíz cuadrada, que es el que lleva el signo $\sqrt{\ }$.

3.º En la pantalla aparecerá el resultado.

1 Utiliza tu calculadora para calcular la raíz cuadrada de cada uno de estos números:

a) $\sqrt{784}$ c) $\sqrt{1\,522}$ e) $\sqrt{1\,296}$

b) $\sqrt{4\,096}$ d) $\sqrt{484}$ f) $\sqrt{2\,809}$

2 Calcula y relaciona cada raíz con su resultado.

$\sqrt{484}$ $\sqrt{289}$ $\sqrt{441}$ $\sqrt{324}$ $\sqrt{1\,089}$ $\sqrt{1\,369}$

33 18 37 21 22 17

3 Utiliza la calculadora para indicar cuáles de estos números tienen raíz cuadrada exacta:

a) 2 704 c) 3 658 e) 1 849

b) 2 916 d) 1 936 f) 2 525

4 ¿Cuáles de las siguientes afirmaciones no son correctas?

a) El cuadrado del número 162 es 26 244.

b) La raíz cuadrada de 225 es 25.

c) El cuadrado del número 84 es 7 056.

d) La raíz cuadrada de 841 es 37.

5 Calcula la medida del lado de los siguientes cuadrados en los que se indica su área:

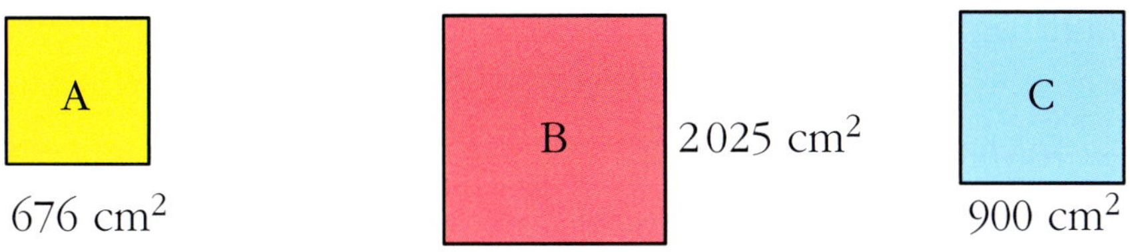

REPASO LA UNIDAD

RECUERDO

Potencias de base 10

Para calcular una potencia de base 10, basta con escribir un uno seguido de tantos ceros como indica el exponente.

$$10^2 = 10 \cdot 10 = 100 \qquad 10^3 = 10 \cdot 10 \cdot 10 = 1\,000$$

$$10^4 = 10 \cdot 10 \cdot 10 \cdot 10 = 10\,000$$

Descomposición polinómica de un número

Cada orden de unidades está representado por una potencia de base 10.

DM	UM	C	D	U
10^4	10^3	10^2	10	1
2	9	4	7	3

$$29\,473 = 2 \cdot 10^4 + 9 \cdot 10^3 + 4 \cdot 10^2 + 7 \cdot 10 + 3$$

Raíz cuadrada

La raíz cuadrada de un número es otro que elevado al cuadrado da el primero:

$$\sqrt{25} = 5 \text{ porque } 5^2 = 25$$

Raíz exacta ⟶ $\sqrt{49} = 7$

Raíz entera ⟶ $\sqrt{42} \approx 6$

Raíz cuadrada y calculadora

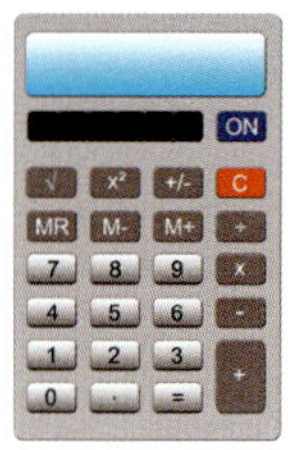

2 5 √

1 Escribe con todas sus cifras las siguientes potencias de base 10:

a) 10^6 c) 10^7 e) 10^{11}

b) 10^8 d) 10^{10} f) 10^9

2 Expresa en forma de potencias de base 10.

a) $10 \cdot 10$

b) $10 \cdot 10 \cdot 10 \cdot 10 \cdot 10$

c) $10 \cdot 10 \cdot 10 \cdot 10 \cdot 10 \cdot 10 \cdot 10$

d) $10 \cdot 10 \cdot 10 \cdot 10$

3 Escribe el exponente que falta en cada potencia.

a) $10^{\square} = 100$ c) $10^{\square} = 100\,000$

b) $10^{\square} = 10\,000\,000$ d) $10^{\square} = 1\,000\,000\,000$

4 Escribe como potencias de base 10 las siguientes cantidades:

a) Diez millones c) Diez millares

b) Cien millones d) Mil millones

5 Copia y completa la tabla en tu cuaderno.

300	5 000	20 000	80 000	1 000 000
3 × 100				
3 × 10^2				

6 Escribe la descomposición polinómica de los siguientes números:

a) 373 643 c) 405 695 e) 5 985 003

b) 897 235 d) 2 540 073 f) 9 300 731

7 Escribe el número que corresponde a cada descomposición polinómica.

a) $5 \cdot 10^4 + 7 \cdot 10^3 + 9 \cdot 10^2 + 5 \cdot 10$

b) $5 \cdot 10^6 + 3 \cdot 10^4 + 3 \cdot 10^2 + 3 \cdot 10$

c) $6 \cdot 10^5 + 5 \cdot 10^4 + 3 \cdot 10^2 + 8 \cdot 10 + 7$

d) $7 \cdot 10^6 + 3 \cdot 10^5 + 2 \cdot 10^3 + 3 \cdot 10^2 + 5 \cdot 10 + 9$

8 Escribe los siguientes números usando potencias de base 10 como en el ejemplo:

$37\,000 = 37 \cdot 10^3$

a) 4 760 000	d) 82 500 000
b) 5 800 000	e) 650 000
c) 7 300 000	f) 88 000 000

9 Calcula el resultado de estas raíces:

a) $\sqrt{4}$	c) $\sqrt{49}$	e) $\sqrt{16}$	g) $\sqrt{121}$
b) $\sqrt{36}$	d) $\sqrt{81}$	f) $\sqrt{64}$	h) $\sqrt{144}$

10 Copia en tu cuaderno y escribe los números que faltan para que las igualdades se cumplan.

a) $\sqrt{\square} = 10$	d) $\sqrt{\square} = 12$
b) $\sqrt{64} = \square$	e) $\sqrt{\square} = 3$
c) $\sqrt{25} = \square$	f) $\sqrt{169} = \square$

11 Escribe en tu cuaderno los primeros diez cuadrados perfectos.

12 Comprueba, con ayuda de tu calculadora, cuáles de estos números son cuadrados perfectos y escríbelos como potencias.

a) 5 184	c) 7 025	e) 6 040
b) 6 724	d) 5 776	f) 5 476

13 Calcula las siguientes raíces enteras e indica cuál es el resto de cada una de ellas.

a) $\sqrt{40}$	c) $\sqrt{15}$	e) $\sqrt{10}$
b) $\sqrt{24}$	d) $\sqrt{105}$	f) $\sqrt{98}$

14 Con ayuda de tu calculadora, halla estas raíces cuadradas exactas:

a) $\sqrt{225}$	d) $\sqrt{900}$	g) $\sqrt{324}$
b) $\sqrt{625}$	e) $\sqrt{441}$	h) $\sqrt{961}$
c) $\sqrt{529}$	f) $\sqrt{784}$	i) $\sqrt{729}$

15 Calcula con ayuda de la calculadora estas raíces enteras:

a) $\sqrt{82}$	d) $\sqrt{115}$	g) $\sqrt{160}$
b) $\sqrt{56}$	e) $\sqrt{12}$	h) $\sqrt{320}$
c) $\sqrt{78}$	f) $\sqrt{224}$	i) $\sqrt{411}$

RESUELVO PROBLEMAS

16 Si el diámetro de un planeta es de $7 \cdot 10^4$ kilómetros, ¿cuál es su radio?

17 Alejandro tiene 36 chapas; Daniela, 25 y Francisco, 20. Si juntan todas y las disponen formando un cuadrado, ¿cuántas chapas tendrá cada lado?

18 Observa la ilustración y contesta.

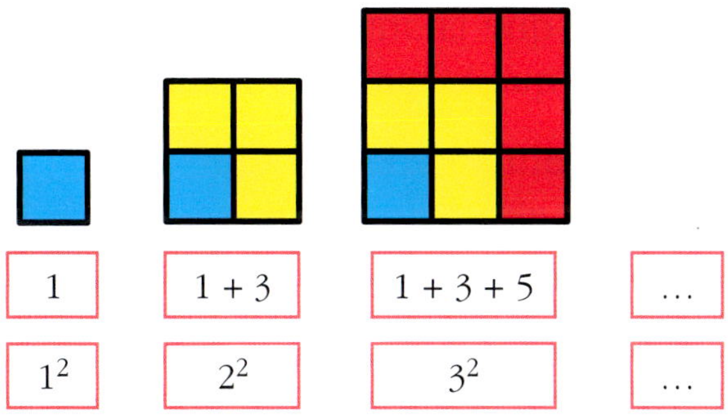

a) ¿Cuál es el cuarto término de la serie? Dibújalo en tu cuaderno.

b) ¿Y el sexto?

APRENDO A RESOLVER PROBLEMAS

ANALIZO LAS SOLUCIONES

1 Leo detenidamente el problema.

Tomás ha construido, por encargo de una comunidad de vecinos, un casillero cuadrado para cartas con 9 casillas en cada lado. Una vez hecho, el presidente le pide que añada una casilla más a lo largo y a lo ancho. ¿Cuántas casillas tendrá el nuevo casillero?

Solución de Clarisa

9 + 1 = 10 casillas tendrá en cada lado.

10 · 10 = 100 casillas tendrá el nuevo casillero.

Solución de Mara

9 + 1 = 10 casillas tendrá en cada lado.

4 · 10 = 40 nuevas casillas.

9 · 9 = 81 casillas actuales.

81 + 40 = 121 casillas tendrá el nuevo casillero.

Solución de Jaime

9 + 1 = 10 casillas tendrá en cada lado.

10 · 10 = 100 casillas.

9 · 9 = 81 casillas actuales.

81 + 100 = 181 casillas tendrá el nuevo casillero.

2 Analizo las soluciones.

La solución de Clarisa es la correcta. Primero, calcula el nuevo número de casillas de cada lado y, después, calcula el número total de casillas del nuevo casillero.

La solución de Mara no es correcta porque calcula mal el nuevo número de casillas. Después, suma ese número al de casillas ya construidas.

La solución de Jaime no es correcta porque calcula el número de casillas de cada lado del nuevo casillero; después, las casillas actuales, y, por último, suma las casillas del casillero ya construido.

Problema 1

Eva ha ahorrado 2 € la primera semana del mes de octubre; la segunda, el doble que la anterior; la tercera, el doble que la segunda; y la cuarta, el doble que la tercera. ¿Cuánto dinero ha ahorrado durante todo el mes?

Solución de Alfredo

1.ª semana = 2

2.ª semana = $2 \cdot 2 = 2^2 = 4$

3.ª semana = $2 \cdot 2 \cdot 2 = 2^3 = 8$

4.ª semana = $2 \cdot 2 \cdot 2 \cdot 2 = 2^4 = 16$

Total: 2 + 4 + 8 + 16 = 30 €

Ha ahorrado 30 €.

Solución de Joaquín

1.ª semana = 2

2.ª semana = $2 + 2 = 2 \cdot 2 = 4$

3.ª semana = $2 + 2 + 2 = 2 \cdot 3 = 6$

4.ª semana = $2 + 2 + 2 + 2 = 2 \cdot 4 = 8$

Total: 2 + 4 + 6 + 8 = 20 €

Ha ahorrado 20 €.

TAREA: En el pantano

Pedro y Cristina, mientras meriendan junto al pantano, repasan algunos datos de sus libretas. Pedro observa las medidas de las casetas que va a colocar para ayudar al anidamiento de aves. Mientras tanto, Cristina mira el gráfico del agua embalsada en el pantano el año anterior.

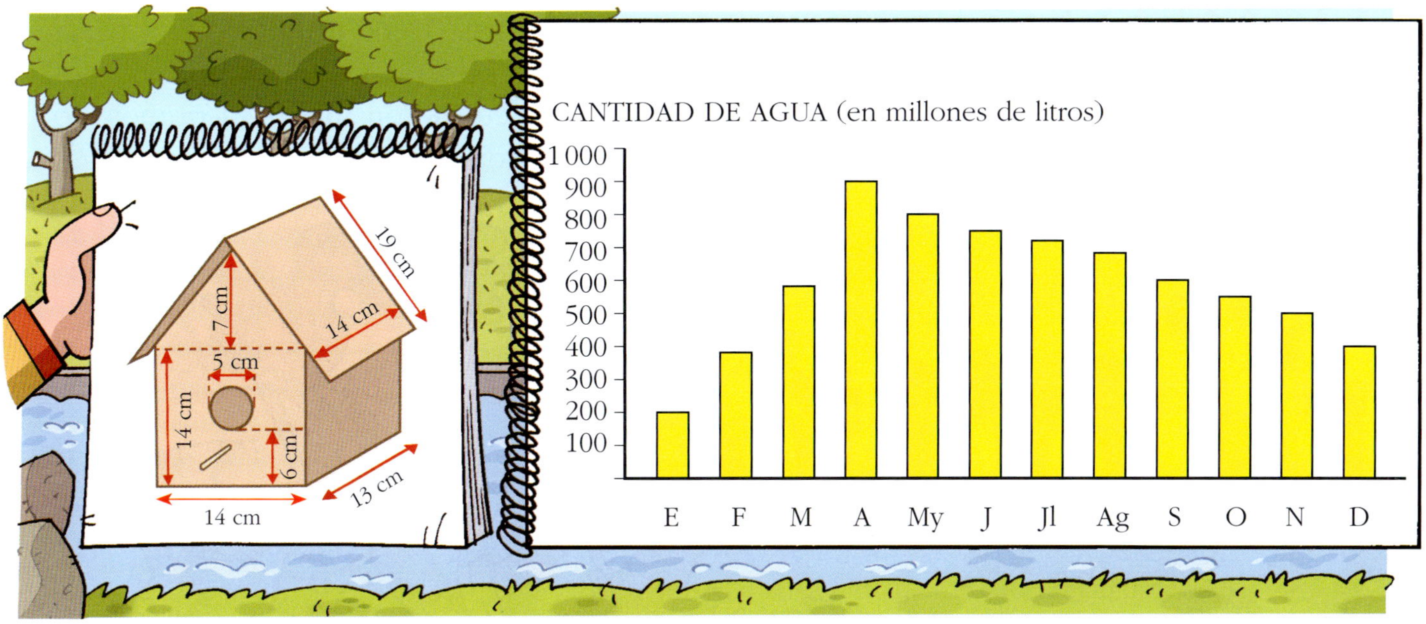

1 La cantidad de agua embalsada en el pantano en el mes de mayo del año anterior ascendía a ochocientos millones de litros de agua. ¿Cómo escribimos esa cifra mediante una potencia de base 10?

2 Copia esta tabla en tu cuaderno y complétala con los datos del gráfico:

MES	JULIO	AGOSTO	SEPTIEMBRE	OCTUBRE	NOVIEMBRE	DICIEMBRE
CANTIDAD DE AGUA (en litros)		675 000 000		550 000 000		
EXPRESIÓN ABREVIADA		$675 \cdot 10^6$				

3 Señala a qué meses corresponden las descomposiciones polinómicas.

a) $3 \cdot 10^8 + 7 \cdot 10^7 + 5 \cdot 10^6$ b) $9 \cdot 10^8$ c) $7 \cdot 10^8 + 5 \cdot 10^7$

4 Para construir un nido, se utiliza un tablero cuadrado de 2 500 cm^2 de superficie. ¿Qué longitud tiene el lado de ese tablero?

5 La superficie de la cara frontal del nido es de 245 cm^2. Calcula qué parte de esa superficie corresponde al cuadrado y qué parte al triángulo.

4 La divisibilidad

Laura es una gran amante de las plantas. Tiene un vivero y, a pesar de que le gustan todas las plantas, sus preferidas son los bonsáis. Sobre su mesa de trabajo tiene dos que cuida con mimo. El primero lo riega cada cuatro días, y el segundo, cada cinco.

Me expreso

1 ¿Cada cuántos días riega el primer bonsái? Si hoy es día 1 del mes, ¿qué días del mes volverá a regarlo?

2 Calcula todos los días de ese mes en los que regará el segundo bonsái.

3 El día 25 del mes, ¿a qué bonsái le corresponde el riego? ¿Por qué?

4 Laura quiere acudir a ver su amiga Marisol un día de este mes, en la semana del 18 al 24, en el que no tenga que regar ninguno de los bonsáis. ¿Qué día o días podrá hacerlo?

5 ¿Cuál será el primer día del próximo mes en el que tenga que regar ambos bonsáis de nuevo?

6 ¿Por qué es importante cuidar nuestros bosques y nuestras plantas?

QUÉ SABEMOS

DIVISIÓN EXACTA	DIVISIÓN INEXACTA
24 | 6 → cociente 4, resto 0	20 | 6 → cociente 3, resto 2
El número 6 divide a 24 de forma exacta porque:	El número 6 no divide a 20 de forma exacta porque:
24 : 6 = 4	20 : 6 = 3 y sobran 2
6 × 4 = 24	6 × 3 = 18

1 Comprueba cuáles de estas divisiones son exactas:

a) 68 : 8 c) 99 : 3 e) 62 : 2 g) 36 : 4 i) 29 : 5

b) 81 : 9 d) 56 : 7 f) 24 : 7 h) 84 : 3 j) 54 : 9

2 Copia y completa una frase para cada división de la actividad anterior como en el ejemplo.

> 68 no es de la tabla del 8 porque:
> 68 : 8 = 8 y sobran 4
> 8 × 8 = 64

3 ¿Cúales de estos números pertenecen a la tabla del 2? Escríbelos en tu cuaderno.

1	2	3	4	5	6	7	8	9	10
11	12	13	14	15	16	17	18	19	20
21	22	23	24	25	26	27	28	29	30
31	32	33	34	35	36	37	38	39	40
41	42	43	44	45	46	47	48	49	50

- ¿Divide 2 de forma exacta a todos esos números?

4 ¿Qué números entre 0 y 25 pertenecen a la tabla del 4?

5 ¿Cuáles de los estos números dividen a 24 de forma exacta?

5 3 6 9 8 7

Múltiplos y divisores

Múltiplos

Los números 0, 2, 4, 6… son múltiplos de 2 porque:

$2 \times 1 = 2 \qquad 2 \times 2 = 4 \qquad 2 \times 3 = 6$

Los **múltiplos** de un número se obtienen multiplicando ese número por 0, 1, 2, 3, 4…

El 0 es múltiplo de cualquier número.

Divisores

Los números 1, 2, 3 y 6 son divisores de 6 porque:

$6 : 1 = 6 \qquad 6 : 2 = 3 \qquad 6 : 3 = 2 \qquad 6 : 6 = 1$

Un número es **divisor** de otro si, al hacer la división, el resto es 0.

El 1 es divisor de todos los números.
Todo número es divisor de sí mismo.

1 Observa y contesta.

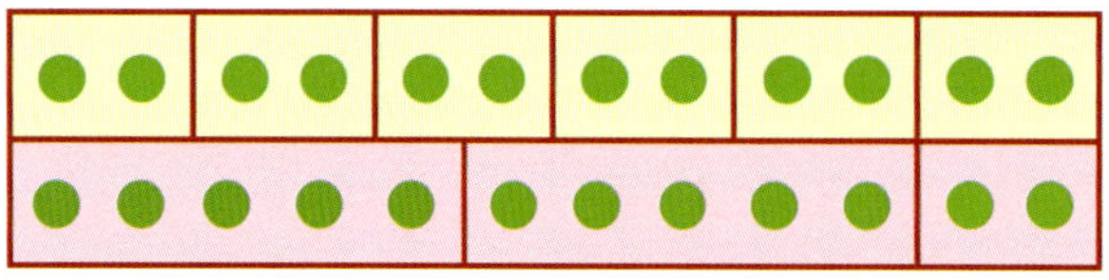

a) ¿El número 12 es múltiplo de 2? ¿Y de 5?

b) ¿Es el número 2 divisor de 12? ¿Y el número 5?

2 Observa cada división, copia en tu cuaderno y completa.

36 | 3 06 12 0	División exacta	3 es … de 36. 36 es … de 3.
37 | 3 07 12 1	División inexacta	3 no es … de 37. 37 no es … de 3.

3 Observa, reflexiona y contesta.

a) ¿Es el número 6 divisor de 20?

b) ¿El número 20 es múltiplo de 4? ¿Y de 9?

4 Escribe los múltiplos de 7 comprendidos entre:

a) 20 y 50 b) 60 y 90 c) 100 y 120

5 ¿Cogerá la rana a la mosca?

6 Averigua todos los divisores de los siguientes números:

32 40 25 36 38 23

7 Observa.

Divisores de 4 = 1, 2 y 4	Divisores de 9 = 1, 3 y 9

a) Escribe todos los números menores que 100 que solo tengan tres divisores.

b) Busca qué tienen en común esos números.

Resuelvo problemas

8 Jorge se ve con su amigo Álvaro cada 3 días, con Andrea cada 4 días y con Belén cada 6. Si hoy es día 2 del mes y han coincidido todos, ¿qué día del mes volverán a coincidir todos?

9 Con los 24 alumnos de una clase queremos hacer equipos de más de dos componentes y menos de diez y con el mismo número de componentes cada equipo. ¿Cuántos podemos hacer? ¿Cuántos componentes tendrá cada equipo?

10 Un granjero dispone de 73 huevos de sus gallinas. ¿Cómo podrá envasarlos en cajas de igual número de huevos sin que sobre ninguno?

CÁLCULO MENTAL

Multiplicar por 25 números de dos y de tres cifras.

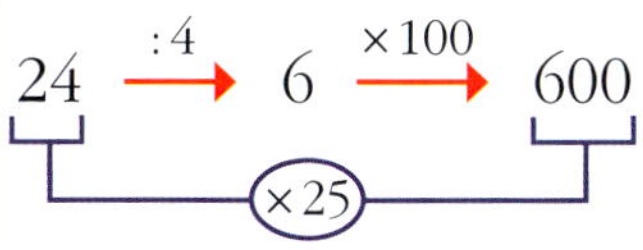

12 × 25	16 × 25	28 × 25	32 × 25	44 × 25
120 × 25	160 × 25	180 × 25	200 × 25	240 × 25

Mínimo común múltiplo

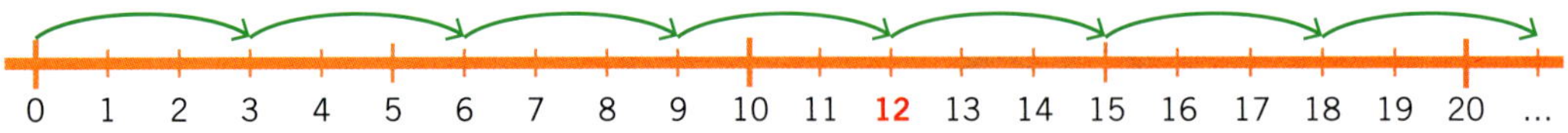

Múltiplos de 3: 0, 3, 6, 9, 12, 15, 18…

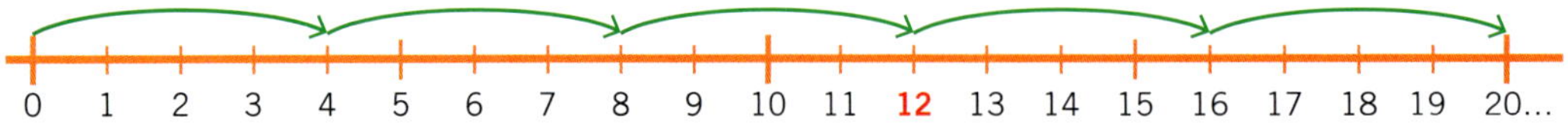

Múltiplos de 4: 0, 4, 8, 12, 16…

El menor múltiplo común de 3 y de 4 distinto de 0 es 12; por eso, decimos que:

mín.c.m. (3, 4) = 12

El **mínimo común múltiplo** de dos o más números es el menor de los múltiplos comunes distinto de 0.

1 Observa el dibujo y contesta.

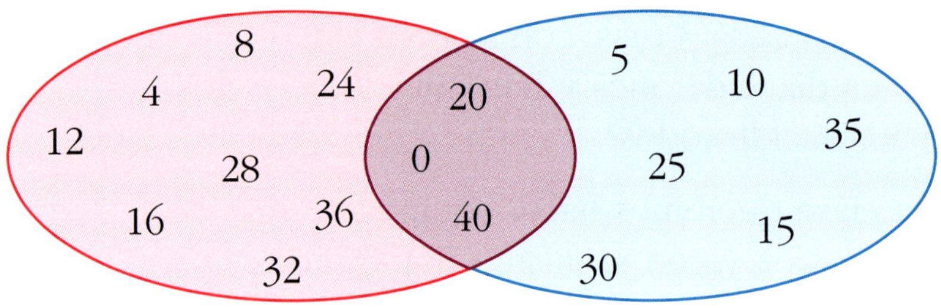

a) ¿Qué múltiplos tienen en común el 4 y el 5?

b) ¿Cuál es el mínimo común múltiplo de 4 y de 5?

2 En la recta numérica se han representado los múltiplos de 3 y de 5. ¿Cuál es el mínimo común múltiplo?

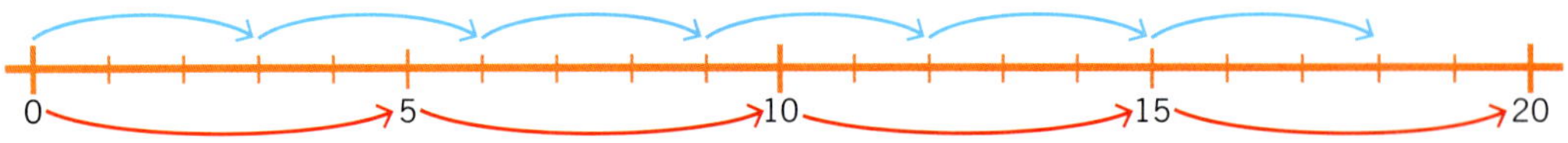

3 Representa sobre la recta numérica los múltiplos de 4 y los múltiplos de 6 e indica cuál es su mínimo común múltiplo.

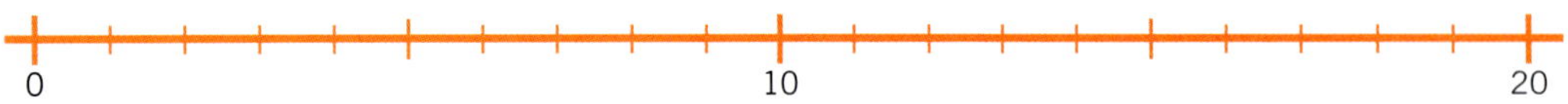

4 Calcula el mínimo común múltiplo de estos números:

a) 3 y 7 c) 2 y 6 e) 4 y 10

b) 6 y 8 d) 5 y 6 f) 3 y 8

5 Calcula el mínimo común múltiplo de estos grupos de números:

a) 4, 6 y 8
b) 2, 4 y 9
c) 5, 6 y 10
d) 3, 7 y 6
e) 12, 16 y 24
f) 6, 8 y 16

Resuelvo problemas

6 Diana riega las hortensias cada 4 días y los rosales cada 6 días. ¿Cada cuánto tiempo realiza ambos trabajos el mismo día?

7 Dos ciclistas dan vueltas a un circuito de ciclocross. Parten a la vez y el primero tarda 60 minutos en dar una vuelta, mientras que el segundo tarda 90 minutos. ¿Cuántas vueltas dará cada uno hasta volver a encontrarse en la salida?

8 ¿Cuál es la menor capacidad que debe tener este cubo para que pueda llenarse exactamente con garrafas de 2, 3 y 4 litros?

9 Lara tiene una colección de cromos que puede disponer en el álbum pegándolos en páginas de cuatro en cuatro, de cinco en cinco o de ocho en ocho sin que le sobre ninguno. ¿Cuál es el menor número de cromos que debe tener para poder hacer esto?

PIENSA UN POCO

Copia en tu cuaderno y averigua los números que faltan.

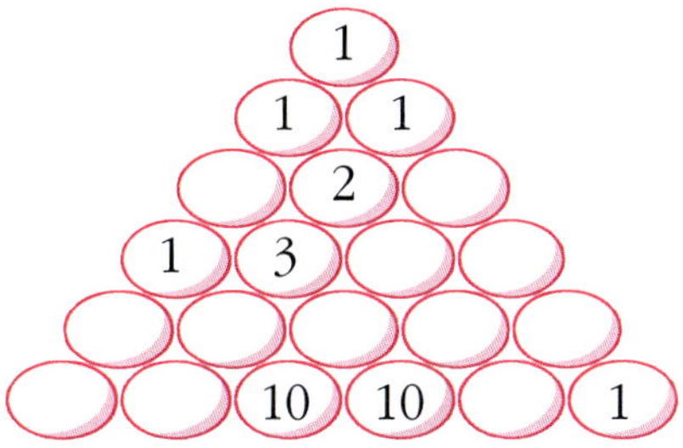

Números primos y compuestos

Con cinco macetas podemos hacer grupos iguales de 1 en 1 o de 5 en 5 macetas.

El número 5 solo tiene dos divisores, él mismo y la unidad.

Con ocho macetas podemos hacer grupos iguales de 1 en 1, de 2 en 2, de 4 en 4 o de 8 en 8 macetas.

El número 8 tiene más de dos divisores: 1, 2, 4 y 8.

Un número es **primo** cuando solo tiene dos divisores: él mismo y la unidad.
Un número es **compuesto** cuando tiene más de dos divisores.
El número **1** no es ni primo ni compuesto.

1 Copia la tabla en tu cuaderno y tacha los números primos menores que 30.

1	2	3	4	5	6
7	8	9	10	11	12
13	14	15	16	17	18
19	20	21	22	23	24
25	26	27	28	29	30

2 El número 53, ¿cuántos divisores tiene? ¿Es primo o compuesto?

3 Observa y contesta.

Divisores de 21 = 1, 3, 7 y 21
Divisores de 22 = 1, 2, 11 y 22
Divisores de 23 = 1 y 23

a) Explica por qué el número 21 no es primo.

b) ¿Cuál de los números anteriores es primo? Explica por qué.

4 Entre estos números hay dos primos, ¿cuáles son?

17 27 37 57 77

5 Escribe los números compuestos mayores que 30 y menores que 40. Explica tu respuesta como en el ejemplo.

> El número 33 es compuesto porque 33 = 3 × 11.

6 Copia en tu cuaderno y escribe verdadero o falso.

a) Todos los números impares son primos.

b) Un número terminado en 0 es primo.

c) Un número de dos cifras terminado en 5 no puede ser primo.

7 Eratóstenes (284-192 a. C.), matemático griego, construyó una tabla en la que situó los números del 1 al 100 y agujereó los lugares correspondientes a los números que eran múltiplos de otros. Al final, la criba presentaba este aspecto:

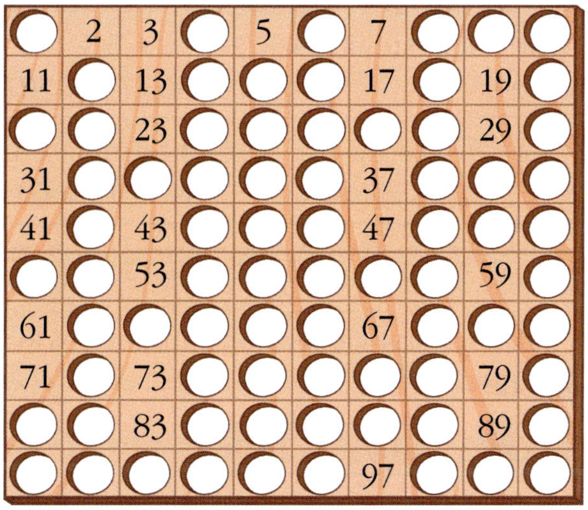

a) ¿Cómo son los números que quedaron en la criba? ¿Por qué no pudo perforarlos?

b) ¿Por qué perforó el número 39?

c) Todos los números que aparecen perforados reciben un nombre, ¿cuál es?

8 Observa estos números. ¿Qué tienen en común todos ellos?

101	103	107	109	113	127	131
137	139	149	151	457	163	167
173	179	181	191	193	197	199

CÁLCULO MENTAL

Dividir entre 25 números de tres cifras.

150 —×4→ 600 —:100→ 6 (150 : 25 = 6)

125 : 25	200 : 25	225 : 25	250 : 25	275 : 25
350 : 25	300 : 25	100 : 25	175 : 25	350 : 25

Criterios de divisibilidad

Un **criterio de divisibilidad** es una regla que nos permite descubrir, sin hacer la división, si un número es o no divisible por otro. Los criterios de divisibilidad más utilizados son:

CRITERIO DE DIVISIBILIDAD	EJEMPLO
Un número es divisible por 2 si termina en 0 o en cifra par.	32**4** termina en cifra par 324 : 2 = 162
Un número es divisible por 3 si la suma de sus cifras es múltiplo de 3.	153 → 1 + 5 + 3 = 9 153 : 3 = 51
Un número es divisible por 5 si termina en 0 o en 5.	35**5** termina en 5 355 : 5 = 71
Un número es divisible por 9 si la suma de sus cifras es múltiplo de 9.	4563 → 4 + 5 + 6 + 3 = 18 4563 : 9 = 507
Un número es divisible por 10 si termina en 0.	64**0** termina en 0 640 : 10 = 64

1 Sin hacer las divisiones, indica cuáles de los siguientes números son divisibles por 2 y justifica tu respuesta:

325 832 2348 6095 876

2 Copia esta tabla en tu cuaderno y rodea con el color que se indica:

1	2	3	4	5	6	7	8	9	10
11	12	13	14	15	16	17	18	19	20
21	22	23	24	25	26	27	28	29	30
31	32	33	34	35	36	37	38	39	40
41	42	43	44	45	46	47	48	49	50

- De azul, los números divisibles por 2.
- De amarillo, los divisibles por 3.
- De rojo, los divisibles por 5.
- De verde, los divisibles por 9.
- De naranja, los divisibles por 10.

Después, contesta a estas preguntas:

a) ¿Qué números han quedado rodeados de azul y de rojo? ¿Qué tienen en común?

b) ¿Cuáles has rodeado de rojo y de naranja? ¿Qué tienen en común?

3 Escribe en tu cuaderno y señala si es verdadero o falso.

a) Todo número divisible por 5 también es divisible por 2.

b) Todo número divisible por 10 lo es también por 5.

c) Todo número terminado en 0 es divisible por 5.

d) Los números cuyas cifras suman 6 son múltiplos de 2.

4 Sin hacer la división, di si los siguientes números son divisibles:

a) Por 3. b) Por 5. c) Por 10.

4750	5325	4380	2755	8280
3540	2860	8615	4255	6230

5 Copia y completa la tabla. Después, contesta.

NÚMERO	ES DIVISIBLE POR				
	2	3	5	9	10
21	NO	SÍ	NO	NO	NO
135					
810					
420					
783					
486					

a) ¿Qué números son divisibles por 2 y por 3 a la vez?

b) ¿Todos los números divisibles por 10 lo son por 5? ¿Por qué?

c) ¿Hay algún número que cumpla todos los criterios de divisibilidad? ¿Cuál o cuáles?

6 Comprueba si estos números son divisibles por 2 y por 3:

33 36 42 84 62

a) Si un número es divisible por 2 y por 3, ¿lo es también por 6?

b) ¿Cómo escribirías el criterio de divisibilidad del 6?

PIENSA UN POCO

Copia en tu cuaderno y completa las dos últimas figuras.

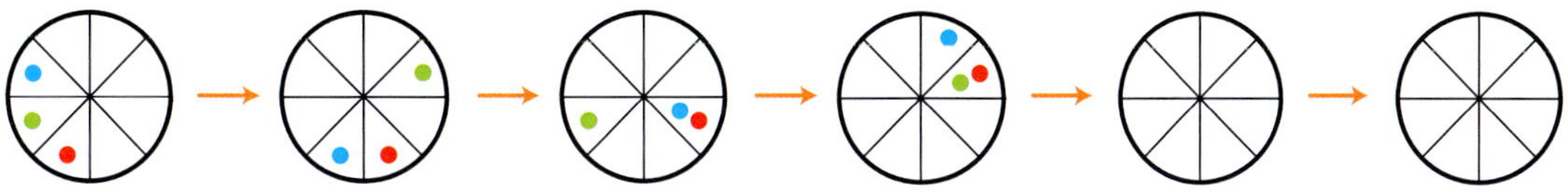

REPASO LA UNIDAD

RECUERDO

Múltiplos y divisores

Los múltiplos de un número se obtienen multiplicando ese número por 0, 1, 2, 3, 4…

Múltiplos de 3 = 0, 3, 6, 9, 12, 15…

Un número es divisor de otro si, al hacer la división, el resto es 0.

Divisores de 12 = 1, 2, 3, 4, 6 y 12.

Mínimo común múltiplo

El mínimo común múltiplo (mín.c.m.) de dos o más números es el menor de los múltiplos comunes distinto de 0.

Múltiplos de 3 = 0, 3, 6, 9, **12**, 15, 18, 21…

Múltiplos de 4 = 0, 4, 8, **12**, 16, 20, 24…

Múltiplos de 6 = 0, 6, **12**, 18, 24, 30…

mín.c.m. (3, 4 y 6) = 12

Números primos y compuestos

Un número es primo si solo tiene dos divisores: él mismo y la unidad.

Un número es compuesto si tiene más de dos divisores.

Criterios de divisibilidad

Un número es divisible por 2 si termina en 0 o en cifra par.

Un número es divisible por 3 si la suma de sus cifras es múltiplo de 3.

Un número es divisible por 5 si termina en 0 o en 5.

Un número es divisible por 9 si la suma de sus cifras es múltiplo de 9.

Un número es divisible por 10 si termina en 0.

1 Escribe los cinco primeros múltiplos de los siguientes números:

a) 8 c) 13 e) 18

b) 12 d) 15 f) 21

2 Copia en tu cuaderno los múltiplos de 5.

25 40 50 36 75 85

3 Calcula todos los divisores de los siguientes números:

a) 8 e) 24 i) 42

b) 14 f) 32 j) 82

c) 16 g) 40 k) 90

d) 20 h) 36 l) 100

4 Observa la recta numérica e indica cuál es el mínimo común múltiplo de 5 y de 6.

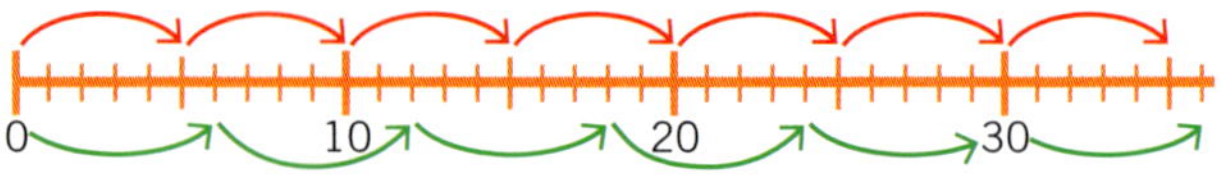

5 Calcula el mínimo común múltiplo de las siguientes parejas de números:

a) 6 y 9 d) 5 y 9

b) 6 y 10 e) 6 y 12

c) 8 y 12 f) 10 y 12

6 Representa sobre la recta numérica los múltiplos de 3 y los de 8. ¿Cuál es el mínimo común múltiplo de 3 y de 8?

7 Escribe los diez primeros múltiplos de 4 y los diez primeros múltiplos de 6. Después, copia y completa en tu cuaderno.

a) Múltiplos de 4 = …

b) Múltiplos de 6 = …

c) Múltiplos comunes de 4 y 6 = …

d) mín.c.m. (4, 6) = …

8 Calcula el mínimo común múltiplo de los siguientes grupos de números:

a) 4, 10 y 20

b) 5, 10 y 25

c) 2, 6 y 9

d) 3, 5 y 6

e) 10, 15 y 20

f) 3, 6 y 12

g) 4, 5 y 8

h) 4, 5 y 6

9 ¿Cuáles de los siguientes números son primos? Cópialos en tu cuaderno.

234 103 336 117

163 127 179

246 315 603 813

10 Averigua, sin hacer la división, cuáles de estos números son divisibles por 2:

13	56	755
16	75	926
24	128	2458
48	646	6894

11 Comprueba si estos números son divisibles por 3:

13	56	755
16	75	926
24	128	2458
48	646	6894

RESUELVO PROBLEMAS

12 Un canguro da saltos de 5 m y otro da saltos de 10 m. Si tienen que recorrer un kilómetro de distancia, ¿cada cuántos metros se encuentran? ¿Cuántos saltos ha dado cada uno?

13 Dos aviones realizan el vuelo entre Canarias y la Península desde un aeropuerto. Uno sale cada dos días y el otro cada cinco. Si hoy han partido los dos del aeropuerto, ¿dentro de cuántos días volverán a coincidir?

14 Dos autobuses urbanos coinciden en una parada. Uno tarda 20 minutos en regresar a la misma parada, y el otro, 30 minutos. ¿Al cabo de cuánto tiempo volverán a coincidir en esa parada?

AVANZO

15 Averigua la cifra que hay que añadir a la derecha del número 345 para convertirlo en un número de cuatro cifras que sea múltiplo de 2, de 3, de 6 y de 9 a la vez.

16 ¿Tiene razón Inés en su afirmación? ¿Cómo podemos demostrarlo?

APRENDO A RESOLVER PROBLEMAS

HAGO UN ESQUEMA

① Leo detenidamente el problema.

Marisa tiene 45 caramelos de limón y 75 caramelos de naranja. Quiere repartirlos en bolsas, todas con el mismo contenido, sin que sobre ninguno. Y también quiere que el número de bolsas sea lo más alto posible. ¿Cuántos caramelos de cada clase meterá en cada bolsa?

② Aclaro los datos y la pregunta.

Datos

- 45 caramelos de limón y 75 de naranja.
- Mayor número de bolsas, todas iguales.

Pregunta

- ¿Cuántos caramelos de cada clase meterá en cada bolsa?

③ Hago un esquema que relacione los datos y la pregunta.

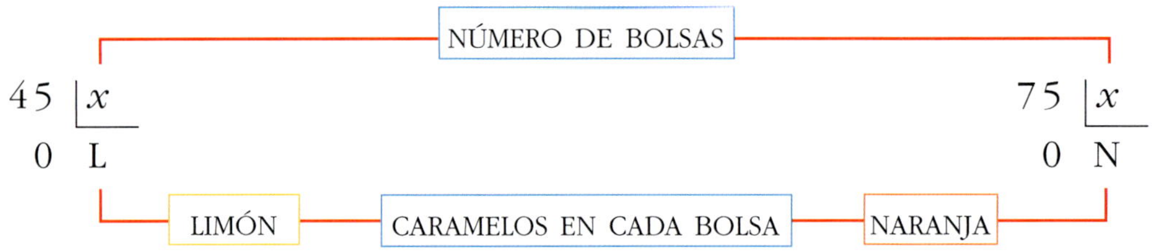

④ Planteo y realizo las operaciones.

El número de bolsas tiene que ser divisor de 45 y de 75. Y, además, tiene que ser el mayor posible.

Divisores de 45 = 1, 3, 5, 9, 15 y 45.

Divisores de 75 = 1, 3, 5, 15, 25 y 75.

⑤ Escribo la solución.

El mayor divisor común es 15. Es decir, llenará 15 bolsas.

Problema 1

En una carretera hay un teléfono de auxilio cada 4 km y una gasolinera cada 6 km. ¿A qué punto kilométrico te tendrías que dirigir si te quedases sin gasolina en el kilómetro 29 y necesitases telefonear?

Problema 2

En un rascacielos, como medida de seguridad, a partir de la planta 20, y cada seis plantas, se ha instalado un cuarto blindado contra incendios y cada ocho plantas un extintor de polvo químico de 50 kg. ¿Cuál es la primera planta en la que coinciden ambas medidas de seguridad?

TAREA: En el vivero

Laura organiza las plantas del vivero para prepararlas para la venta. En primer lugar, ha de preparar un pedido de 48 geranios para un jardín en el que quieren hacer unos parterres. Después, debe etiquetar las macetas con sus precios para llevarlas al expositor de la tienda.

1 Con los geranios se quieren formar parterres iguales que tengan no menos de cuatro plantas y no más de diez. ¿Cuántas plantas podrán situar en cada parterre?

2 ¿Cuál será el precio de cada parterre de geranios en función del número de plantas que se sitúen en cada uno?

3 Un grupo de cinco amigos compró cada uno macetas de flores distintas, uno del otro, para su jardín. Copia la tabla y, utilizando los criterios de divisibilidad, completa los datos que faltan.

NOMBRE	PLANTA	CANTIDAD	PRECIO	TOTAL
Alicia				35 €
Carmen				63 €
José Luis				21 €
Carlos				80 €
Lorena				16 €

4 El vivero dispone de dos furgonetas de reparto. Una realiza repartos cada cuatro horas, y la otra, cada seis horas. Si han coincidido en salir a repartir a las 7 de la mañana, ¿a qué hora volverán a coincidir?

5 Números positivos y negativos

La vida en el Ártico no es fácil para los esquimales. Durante el invierno soportan temperaturas por debajo de los treinta grados bajo cero llegando hasta los cuarenta y cinco grados bajo cero. En verano son de unos diez grados sobre cero, llegándose a alcanzar hasta treinta grados en algunas regiones. El avance de la civilización y los cambios climáticos han provocado variaciones de temperatura que provocan que el hielo se derrita con mayor rapidez y las temperaturas sean más altas. Ello pone en peligro la existencia de algunas especies animales: los renos, los zorros árticos, las focas y el oso polar.

Me expreso

1 ¿De qué temperaturas habla el texto durante el invierno? ¿Qué significan temperaturas bajo cero? Trata de explicarlo con tus propias palabras.

2 ¿Cuáles son las temperaturas durante el verano?

3 ¿Qué provoca las variaciones de temperatura?

4 ¿Qué animales se ven en la ilustración? ¿Cuáles están en peligro de extinción?

QUÉ SABEMOS

Usamos los números naturales para:

Contar

Grado tiene
3082 habitantes.

Ordenar

Andrés llegó el décimo
a la meta.

Medir

Pedro saltó 1 m 65 cm.

Calcular

Las prendas
cuestan 53 €.

Identificar

Paula tomó
el autobús 202.

Comparar

Alí tiene 2 €
más que Fátima.

1 ¿Para qué utilizan los números naturales en su trabajo las siguientes personas?

a) Una enfermera. b) Un tendero. c) Un arquitecto.

2 Indica la utilidad de los números de este texto:

«Elena, con diez años y con una altura de 142 centímetros, quedó en decimonoveno puesto de la carrera».

3 ¿Qué expresión utilizamos cuando hablamos de la temperatura de este lugar?

4 ¿Qué significa que un coche está en el tercer sótano? ¿Podrías expresarlo con los números que conoces?

Números positivos y números negativos

A veces, el uso de un simple número no es suficiente para expresar ciertas situaciones de la vida diaria, y necesitamos añadir un signo al número. Por ejemplo:

- Temperaturas por encima o por debajo de cero.
- Alturas por encima o por debajo del nivel del mar.
- Plantas de un edificio por encima o por debajo del nivel del suelo.

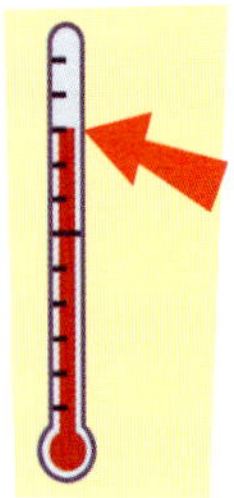

El termómetro marca tres grados sobre cero. (+3)

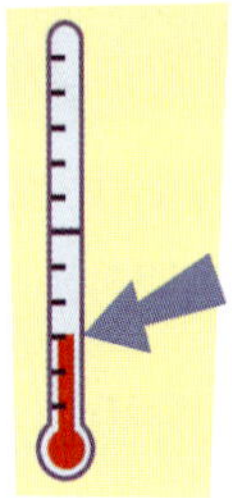

El termómetro marca tres grados bajo cero. (–3)

- Los números naturales precedidos del signo más (+) son los **números positivos** y expresan cantidades mayores que cero.
- Los números naturales precedidos del signo menos (–) son los **números negativos** y expresan cantidades menores que cero.
- Cuando un número no lleva signo, se entiende que es positivo.

1 Expresa cada situación con un número positivo o negativo.

a) Tengo la moto en el primer sótano.

b) El helicóptero se encuentra a cien metros de altura.

c) La temperatura es de diez grados bajo cero.

2 ¿Qué número positivo o negativo utilizarías para expresar cada situación?

a) Tengo el coche en el segundo sótano.

b) El buzo está a doce metros bajo la superficie.

c) El globo vuela a 50 m de altura.

3 Fíjate en el dibujo y contesta.

a) ¿A qué altura está el castillo?

b) ¿A qué profundidad se encuentra el buzo?

4 Observa el cuadro del ascensor de unos almacenes y contesta.

a) ¿Cuántas plantas hay por encima de la planta baja?

b) ¿Cuántas plantas hay que subir desde el segundo sótano hasta la tercera planta?

5 Copia los termómetros en tu cuaderno y pinta los grados que se indican.

+12 °C   –3 °C

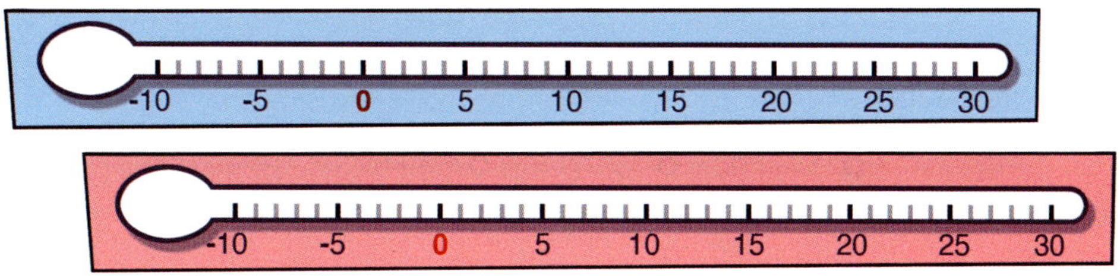

CÁLCULO MENTAL

Multiplicar por 20 números de dos cifras.

15 →(×2) 30 →(×10) 300
(×20)

12 × 20	16 × 20	22 × 20	36 × 20	55 × 20
14 × 20	18 × 20	25 × 20	44 × 20	75 × 20

Representación y comparación de números enteros

Los **números enteros** están formados por:

- Los números naturales, que son los positivos.
- El cero, que no es ni positivo ni negativo.
- Los números negativos.

Los números enteros quedan ordenados en la recta numérica.

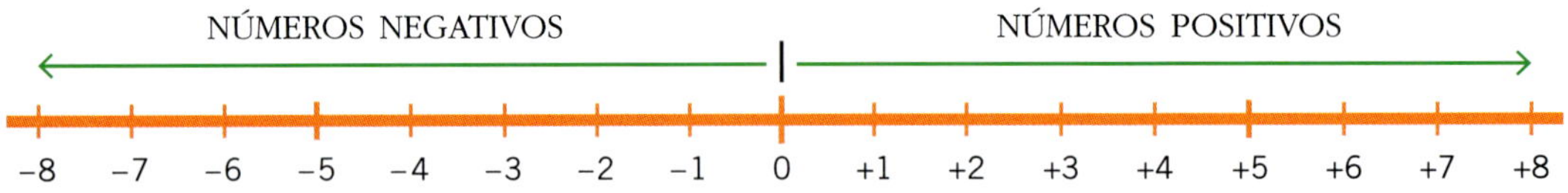

Para comparar números enteros, tenemos que tener en cuenta que:

1.º Cualquier número positivo es mayor que cualquier número negativo.

+2 es mayor que −7 → $+2 > -7$ −7 es menor que +2 → $-7 < +2$

2.º Cualquier número entero es mayor que otro que esté situado a su izquierda en la recta numérica y menor que otro que esté situado a su derecha:

−2 es mayor que −5 → $-2 > -5$

−2 es menor que +3 → $-2 < +3$

+7 es mayor que +3 → $+7 > +3$

1 Copia esta recta numérica en tu cuaderno y representa en ella los siguientes números enteros:

−3	−4	+7	+3	+1	−8

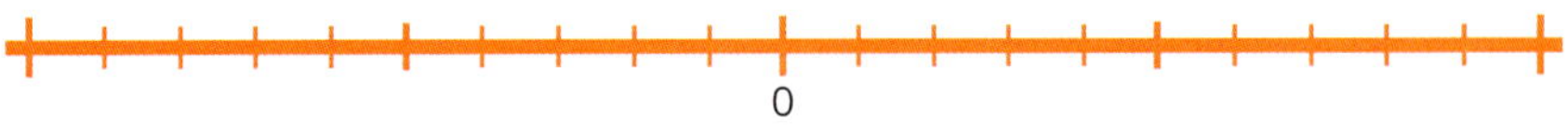

2 ¿Qué número representa cada letra?

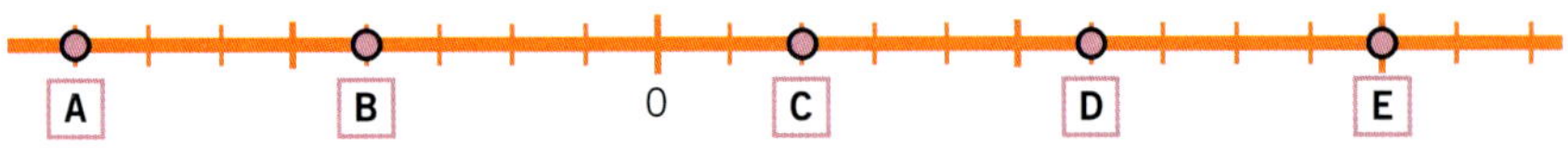

3 ¿Cuáles son los tres términos siguientes de cada una de estas series?

a) −8, −5, −2, …   b) +8, +3, −2, …

4 Juana ha representado en la recta numérica el número −3 a la derecha del −2. ¿Es correcto? ¿Por qué?

5 Copia en tu cuaderno y escribe el signo $>$ o $<$, según corresponda.

a) −2 ◯ −5   c) +3 ◯ −3   e) −10 ◯ −7

b) −5 ◯ +2   d) −4 ◯ 0   f) 0 ◯ +1

6 Ordena de menor a mayor.

a) –3, +2, –2, 0

b) –4, +4, –7, –10

c) –8, +10, –9, –10, +8, –5, +3

d) 0, +1, –1, +3, –5, +2, –3

7 Ordena, de menor a mayor, estas temperaturas:

+6 °C –2 °C +8 °C +5 °C –4 °C –5 °C

8 Escribe en tu cuaderno.

a) Un número entero mayor que –2 y menor que +2.

b) Un número entero menor que –4 y mayor que –6.

c) Un número entero mayor que –3 que no sea positivo.

9 ¿Qué termómetro marca la temperatura más alta? ¿Y la más baja?

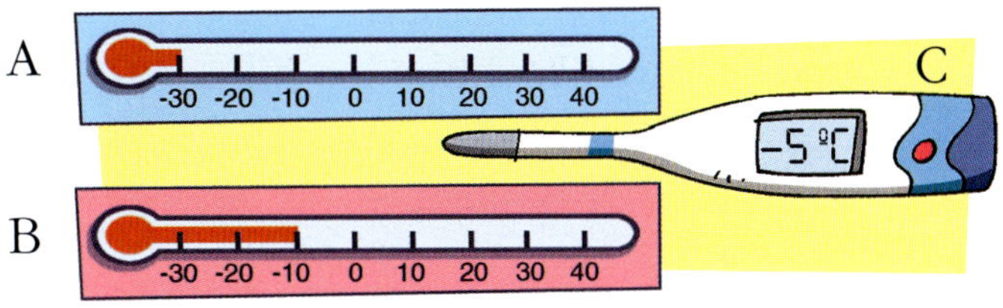

10 La temperatura media del sábado fue de dos grados bajo cero, y la del domingo, de tres grados bajo cero. ¿Qué día hizo más frío?

11 Mira los termómetros y responde.

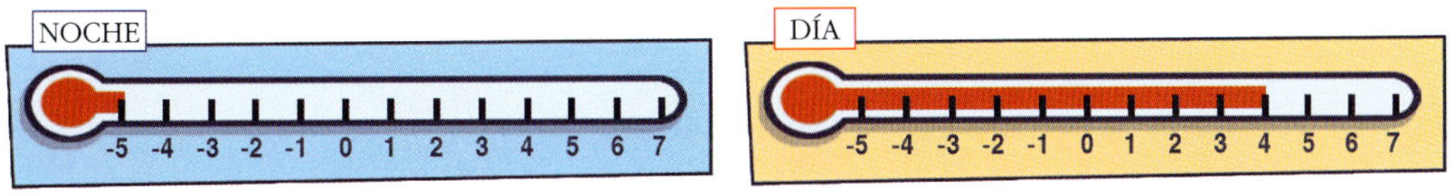

a) ¿Qué temperatura marca por la noche? ¿Y durante el día?

b) ¿Cuántos grados de diferencia hay entre ambas temperaturas?

12 Dibuja en tu cuaderno una recta numérica que represente los números comprendidos entre –5 y +5 y sitúa sobre ella los números:

–4	–3	+1	+3	+5

a) Ordénalos de mayor a menor.

b) Es mayor –3 que –4, ¿por qué?

PIENSA UN POCO

Desde la entrada, avanza pasando siempre por un número mayor y escribe, en orden, los números por los que has pasado hasta la salida.

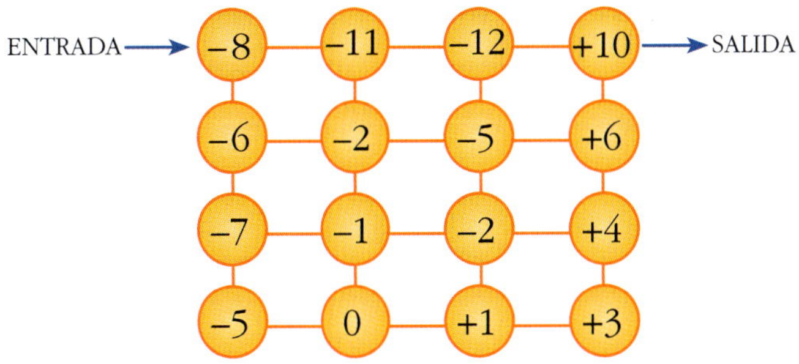

Suma de números enteros del mismo signo

Observa cómo calculamos el aumento o la disminución de temperaturas de una hora a otra:

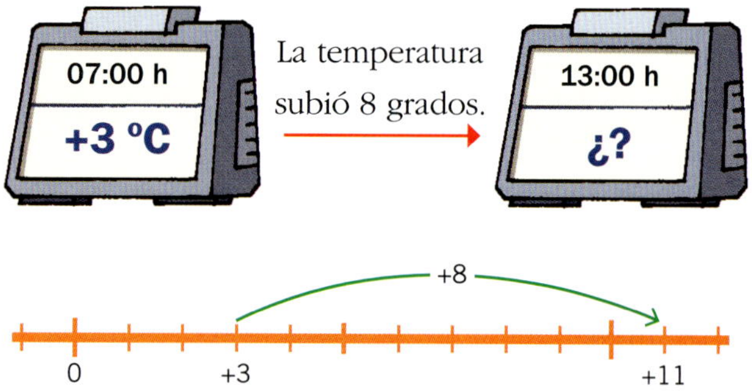

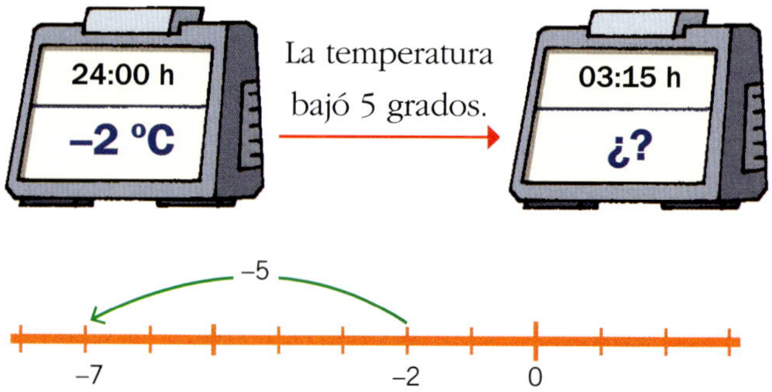

Para sumar números enteros del mismo signo, seguimos estos pasos:

1.º Prescindimos de los signos de los sumandos y sumamos los números.

$(+3) \rightarrow 3$, $(+8) \rightarrow 8$ $\rightarrow 3 + 8 = 11$

$(-2) \rightarrow 2$, $(-5) \rightarrow 5$ $\rightarrow 2 + 5 = 7$

2.º Al resultado obtenido le ponemos el signo de los sumandos.

$(+3) + (+8) = +11$

$(-2) + (-5) = -7$

1 Calcula.

a) $(+3) + (+5)$
b) $(+4) + (+1)$
c) $(-12) + (-7)$
d) $(-7) + (-2)$
e) $(-10) + (-5)$
f) $(-1) + (-19)$

2 Calcula los términos que faltan y completa en tu cuaderno:

a) $(\dots) + (+2) = +7$
b) $(+3) + (\dots) = +18$
c) $(-5) + (\dots) = -7$
d) $(\dots) + (-7) = -12$
e) $(\dots) + (-2) = +4$
f) $(-6) + (\dots) = -10$

3 ¿Cuál es la temperatura final en cada caso?

a) El termómetro marcaba 7 grados y la temperatura subió 5 grados.

b) El termómetro marcaba 3 grados bajo cero y la temperatura descendió 2 grados.

4 Escribe en tu cuaderno la expresión que corresponde a cada caso y calcula el resultado.

a) 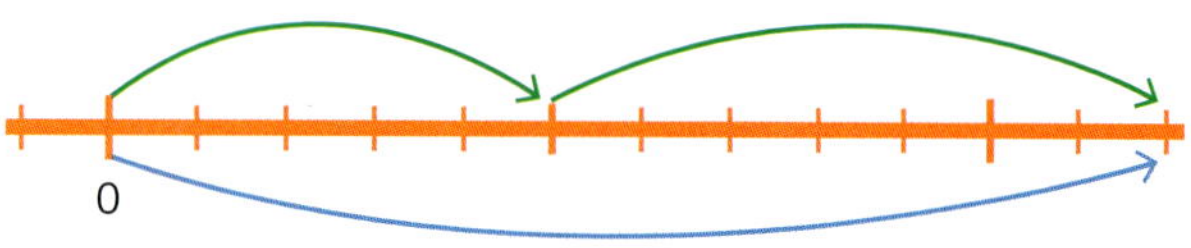

$(+5) + (+7) = \dots$

b) 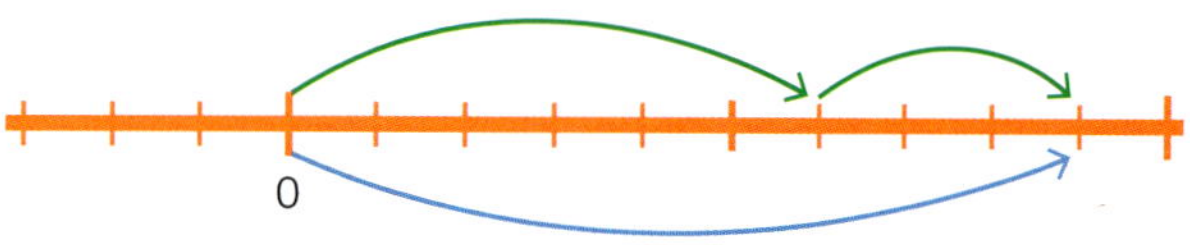

5 Resuelve:

a) Escribe el número (+17) como suma de dos números positivos.

b) Escribe el número (–13) como suma de dos números negativos.

Resuelvo problemas

6 Daniel vive en el tercer piso y para ir a casa de su amiga Sara tiene que subir cuatro pisos. ¿En qué piso vive Sara?

7 Un submarino está a 35 metros de profundidad, desciende 50 metros y, después, 76 metros más. ¿A qué profundidad se encuentra ahora el submarino?

8 El ascensor de un edificio llega al sótano –3 después de bajar siete pisos. ¿En qué planta estaba el ascensor?

9 Una cámara frigorífica tenía una temperatura de 15 grados bajo cero; después se bajó la temperatura 5 grados. ¿Cuántos grados tiene ahora la cámara?

10 A las 8 horas, el termómetro marcaba –4 grados centígrados y cuatro horas después la temperatura había descendido seis grados. ¿Qué temperatura marcaba el termómetro a las 12 horas?

CÁLCULO MENTAL

Dividir entre 20 números de tres cifras.

140 —:10→ 14 —:2→ 7 (140 : 20 = 7)

120 : 20	180 : 20	240 : 20	360 : 20	480 : 20
160 : 20	220 : 20	320 : 20	420 : 20	660 : 20

Suma de números enteros de distinto signo

Observa cómo calculamos la variación de temperaturas de una hora a otra:

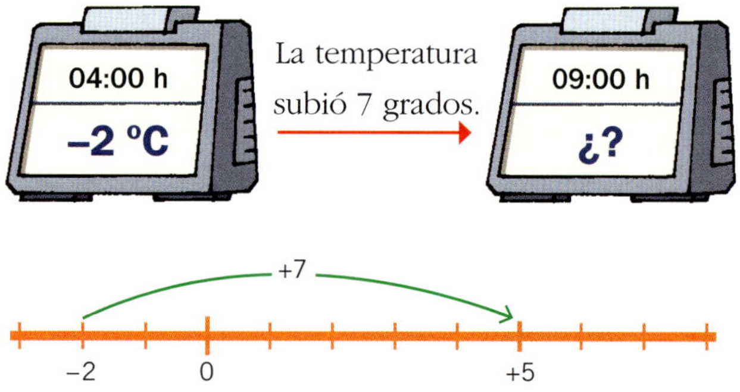

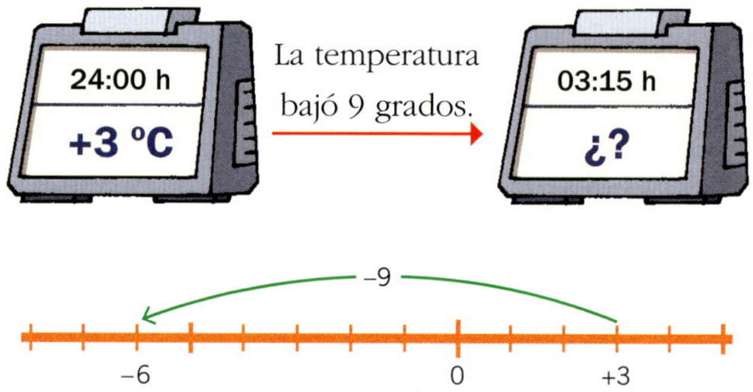

Para sumar números enteros de distinto signo, seguimos estos pasos:

1.º Prescindimos de los signos de los sumandos y restamos el número menor del mayor.

$(-2) \rightarrow 2$, $(+7) \rightarrow 7$ $\rightarrow 7 - 2 = 5$ $\qquad$ $(+3) \rightarrow 3$, $(-9) \rightarrow 9$ $\rightarrow 9 - 3 = 6$

2.º Al resultado obtenido le ponemos el signo del sumando que esté más lejos del cero.

$(-2) + (+7) = +5$ $\qquad$ $(+3) + (-9) = -6$

1 Calcula.

a) $(-8) + (+5)$
b) $(-6) + (+9)$
c) $(+1) + (-13)$
d) $(+17) + (-12)$
e) $(-15) + (+26)$
f) $(+12) + (-10)$

2 Copia en tu cuaderno y escribe los números que faltan.

a) $(+4) + (\ldots) = -7$
b) $(\ldots) + (-5) = +12$
c) $(+1) + (\ldots) = -2$
d) $(\ldots) + (-20) = 0$
e) $(+18) + (\ldots) = -1$
f) $(\ldots) + (-10) = +16$

3 Escribe la expresión que corresponde y calcula el resultado.

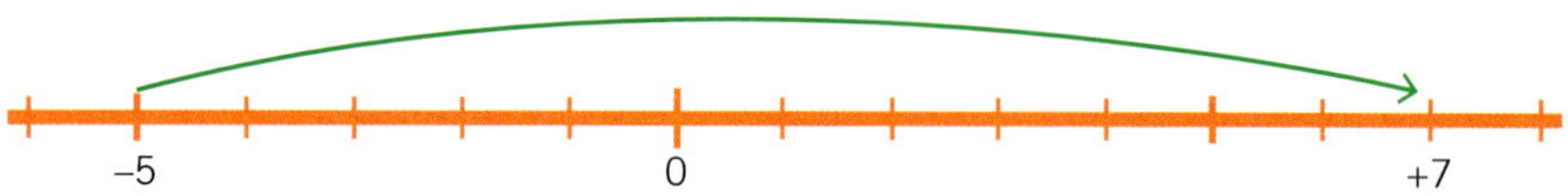

4 Calcula las siguientes variaciones de temperatura.

a) A las 12 de la mañana, el termómetro marcaba +12 °C, y a las 10 de la noche, –4 °C. ¿Cuántos grados bajó la temperatura?

b) Ayer a las 8 de la mañana, el termómetro marcaba –2 °C; tres horas después marcaba +4 °C. ¿Cuántos grados subió la temperatura?

c) Hoy a las 2 de la tarde, el termómetro marcaba +13 °C, y a las 12 de la noche, –3 °C. ¿Cuántos grados bajó la temperatura?

5 Calcula.

a) ¿Qué número entero hay que sumar a –3 para que el resultado sea 0?

b) ¿Qué número entero hay que sumar, como mínimo, a –5 para que el resultado sea un entero positivo?

Resuelvo problemas

6 La temperatura a las seis de la mañana era de un grado negativo y a las doce del mediodía había subido siete grados. ¿Cuál era la temperatura a mediodía?

7 El pingüino se encontraba a dos metros de profundidad. Subió cinco metros en busca de su nido en la nieve. ¿A qué altura está el nido del pingüino?

8 En enero, la temperatura de Ávila a las 9 de la mañana es de dos grados bajo cero, y a las siete de la tarde, es de cinco grados. ¿Cuál ha sido la variación de temperatura?

9 Aurora ha aparcado su coche en la planta quinta del sótano de la torre donde trabaja. Si para ir a su despacho sube diecisiete plantas, ¿en qué planta se encuentra su despacho?

10 Explica tu respuesta.

Alberto está en el nivel 3 por debajo del nivel del mar y Susana está en el nivel 4 por debajo del nivel del mar. ¿Cuál de los dos tiene más niveles para llegar al nivel +1? ¿Cuántos niveles tiene que subir cada uno?

PIENSA UN POCO

Los cuadrados del mismo color representan la misma cifra. Completa la suma.

Repaso la unidad

RECUERDO

Números positivos y números negativos

Los números que están por encima o a la derecha del cero son los números positivos.

Los números que están por debajo o a la izquierda del cero son los números negativos.

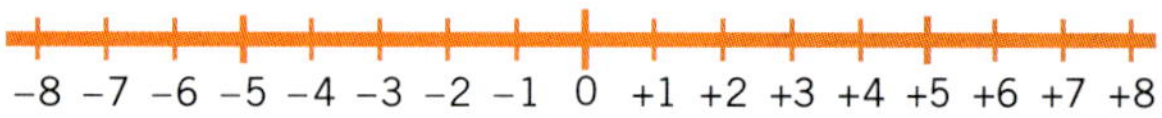

Representación y comparación de números enteros

Los números enteros están formados por los números naturales, que son los positivos; el cero, que no es ni positivo ni negativo, y los números negativos.

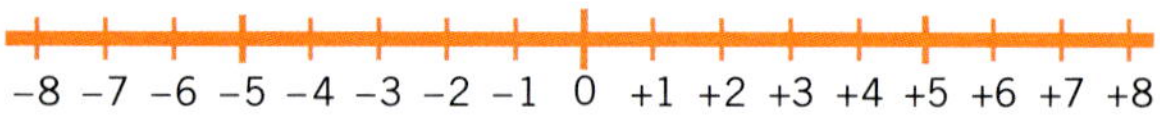

$-7 < -1$ $\qquad$ $+6 > +3$

Suma de números enteros del mismo signo

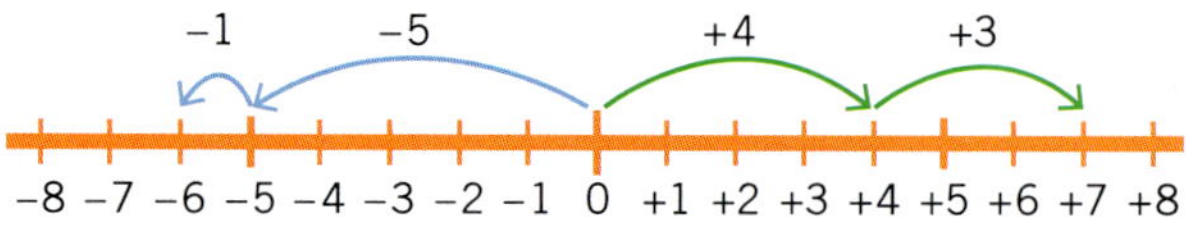

$(-5) + (-1) = -6$

$(+4) + (+3) = +7$

Suma de números enteros de distinto signo

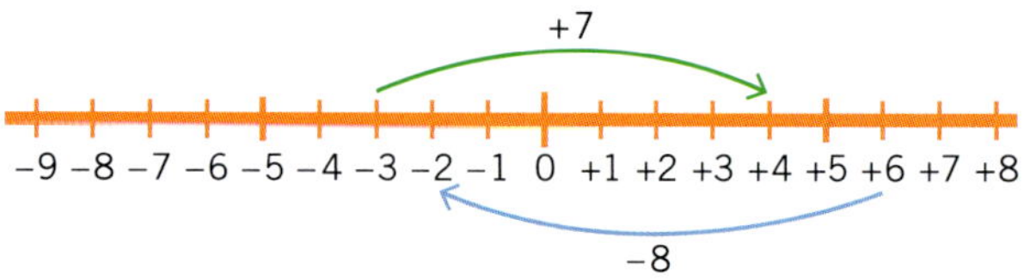

$(-3) + (+7) = +4$

$(+6) + (-8) = -2$

1 Expresa las siguientes situaciones con números positivos o negativos:

a) La temperatura es de doce grados bajo cero.

b) Cinco metros sobre el nivel del mar.

c) Cuarenta metros bajo el nivel del mar.

d) Tener seiscientos euros.

e) Subir a la cuarta planta.

2 El termostato de la nevera marca cinco grados sobre cero, y el del congelador, dieciocho grados bajo cero. Expresa estas temperaturas con números enteros.

3 ¿Qué número entero representa cada una de las letras?

4 Escribe la temperatura que marca cada uno de los termómetros.

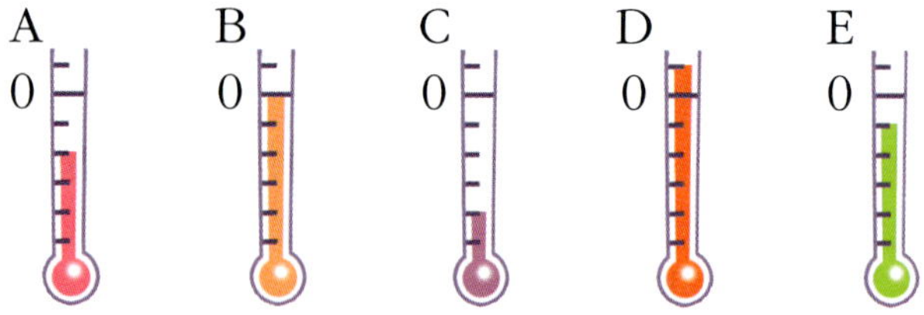

5 Copia en tu cuaderno la recta numérica y representa los números enteros comprendidos entre –6 y +4.

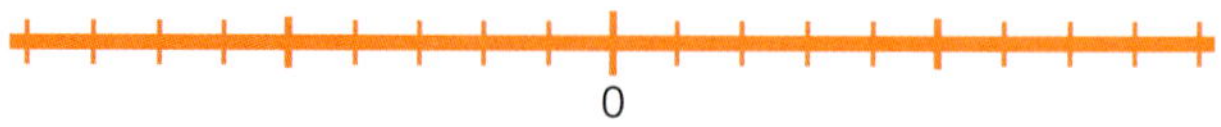

6 Expresa con números enteros.

a) María debe 52 euros.

b) La altura del Everest es de 8848 m.

c) El submarino está 35 m bajo el nivel del mar.

7 ¿Qué números enteros cumplen estas condiciones?

a) Que sean mayores que –5 y menores que +3.

b) Que sean menores que –2 y mayores que –10.

8 Ordena, de menor a mayor, estas temperaturas:

a) –2 °C, –10 °C, –5 °C, 0 °C, –4 °C

b) –1 °C, +2 °C, –3 °C, +5 °C

9 Ordena, de mayor a menor, los siguientes números enteros y, después, represéntalos en una recta numérica:

a) +3, –2, +5, –1, +2, 0

b) –5, –1, –2, –25

10 Calcula.

a) (+3) + (+2)
b) (–4) + (+5)
c) (+8) + (–9)
d) (–2) + (+7)
e) (–5) + (–5)
f) (+1) + (+8)

11 Completa en tu cuaderno estas sumas:

a) (+20) + (–15) = …

b) (–30) + (…) = +25

c) (–6) + (…) = +20

d) (…) + (+9) = –2

12 ¿Cuál es el número entero que al sumarle 7 da como resultado –5?

13 ¿Cuál es la diferencia de temperatura entre +15 °C y –15 °C?

14 Expresa como suma de dos números enteros de distinto signo.

a) –10 b) +5 c) –4 d) +3

RESUELVO PROBLEMAS

15 Ayer, entre las seis de la mañana y el mediodía, la temperatura subió 12 grados. Si a las seis de la mañana la temperatura era de –7 °C, ¿qué temperatura indicaba el termómetro al mediodía?

16 Una merluza, que está a 15 grados bajo cero, se calienta hasta ponerse a una temperatura de 28 grados. ¿Cuál ha sido la variación de temperatura?

17 María vive en el quinto piso de una casa. Ha bajado tres plantas para visitar a David; después, subió nueve plantas para llevar un regalo a su amiga Andrea. ¿En qué planta vive Andrea? ¿Y David?

AVANZO

18 Realiza las siguientes operaciones:

a) (+10) + (+14) + (–6) + (–1)

b) (–22) + (–15) + (+8) + (–9)

c) (–15) + (–8) + (–10) + (+19)

19 Copia este cuadrado mágico en tu cuaderno y escribe los números que faltan:

–5		
–6		–2
–1	–7	

20 Busca un número entero mayor que –3 y menor que –10. ¿Qué observas?

APRENDO A RESOLVER PROBLEMAS

ORDENO EL ENUNCIADO

Enunciado desordenado

- después, subió siete plantas.
- ¿en qué planta se subió?
- Si, tras todo esto, Margarita se bajó del ascensor en la quinta planta,
- Primero, bajó cuatro plantas, y, a continuación, bajó una planta más;
- Margarita entró en el ascensor de unos grandes almacenes.

1 Ordeno el enunciado.

Margarita entró en el ascensor de unos grandes almacenes. Primero, bajó cuatro plantas, y, a continuación, bajó una planta más; después, subió siete plantas. Si, tras todo esto, Margarita se bajó del ascensor en la quinta planta, ¿en qué planta se subió?

2 Aclaro los datos y la pregunta.

Datos

Baja 4 plantas, baja 1 planta, sube 7 plantas y se bajó en la 5.ª planta.

Pregunta

¿En qué planta se subió?

3 Realizo las operaciones.

- $(-4) + (-1) = -5$
- $(-5) + (+7) = +2$
- $(+5) - (+2) = +3$

4 Escribo la solución.

Margarita se subió en la tercera planta.

Ordena los enunciados y resuelve.

Problema 1

- ¿Qué temperatura marca el termómetro a las seis de la mañana?
- A las seis de la mañana volvió a bajar 2 grados.
- El pasado lunes, la temperatura a las doce de la noche fue de 2 grados.
- A las tres de la mañana, la temperatura bajó 6 grados.

Problema 2

- en la segunda parada bajaron 12 y subieron 10;
- ¿Cuántos viajeros llegaron a la cuarta parada?
- En la primera parada bajaron 5 viajeros y subieron 7;
- Un autobús urbano salió con 38 viajeros.
- y en la tercera parada bajaron 18 y subieron 2.

TAREA: Salvemos el Ártico

Marian y sus amigos Nauja, Uvanuk, Sedna y Naduk se encuentran en la estación científica que está estudiando cómo abordar el problema del cambio climático, que es la principal amenaza del Ártico, que está provocando la rápida desaparición de su capa de hielo; los científicos predicen que dentro de 10 o 20 años se derretirá la capa de hielo y esto afectará al clima del planeta.

1 Observa la ilustración y representa cada situación con un número entero:

a) Profundidad de la morsa.

b) Posición del oso blanco.

c) Altura del globo meteorológico.

2 ¿En qué punto está situado el edificio de la estación científica?

3 ¿Cuántos metros mide el cable que sujeta el globo meteorológico?

4 ¿Cuántos metros deberá ascender la morsa para respirar?

5 ¿Cuál de estas sumas da como resultado los metros que asciende la morsa para respirar?

(+6) + (+2) (–6) + (+2) (–6) + (–2) (+6) + (–2)

6 Expresa con una suma:

a) La distancia que separa la foca del oso.

b) La distancia entre la estación meteorológica y la ballena.

Repaso trimestral

Números

1 Escribe, con letras y con cifras, el número que corresponde en cada caso.

a) 1 UMM + 9 DM + 3 UM + 2 C + 7 U

b) 8 UMM + 3 CM + 5 UM + 8 C

c) 2 UMM + 8 CM + 4 DM

2 Redondea las cantidades del ejercicio anterior.

a) A las centenas de millar.

b) A los millones.

3 Escribe con cifras.

a) Un millón trescientos mil veinte

b) Quinientos cuarenta y ocho mil dos

c) Novecientos un mil doscientos uno

d) Tres millones veinticinco

4 Escribe cómo se leen estos números:

a) 1006903 b) 41609007 c) 1328090610

¿Qué valor tiene la cifra 9 en cada número? ¿Y la cifra 6?

5 ¿Qué ciudad está más cerca?

6 Un corredor de maratón llegó a la meta en el lugar vigésimo séptimo. ¿Cuántos corredores llegaron a la meta antes que él?

7 Busca todos los divisores de 36 y de 48.

8 Ordena de menor a mayor.

6	–5	–4	0	–2	5	–3	1	–7

9 Escribe los múltiplos de 5 comprendidos entre 276 y 333.

Operaciones

10 Realiza las siguientes sumas y restas.

a) 734 + 22 + 35
b) 8173 + 234 + 170
c) 32 + 6007 + 29
d) 414 – 27
e) 3453 – 996
f) 5364 – 288

11 Calcula las operaciones.

a) 365 × 23
b) 786 × 54
c) 347 × 42
d) 7722 : 33
e) 8528 : 52
f) 17658 : 27

12 Calcula estas divisiones:

a) 800000 : 400
b) 6000 : 20
c) 10000 : 100
d) 12000 : 400
e) 21000 : 30
f) 3600 : 60

13 Calcula las operaciones combinadas.

a) 38 – (6 + 2) × 4

b) (25 – 5) : 4 + (16 – 4) × 2

c) (9 – 5) × 4 + (16 – 4) : 3

d) (19 – 7 – 5) × 6 – (20 – 12) × 3

14 Calcula y comprueba el resultado con tu calculadora.

a) 2384 + 391 – 680
b) 1536 – 693 – 287
c) 5678 × 348
d) 659034 : 246
e) 8963 × 957
f) 529935 : 735

15 Copia y completa en tu cuaderno.

PRODUCTO	BASE	EXPONENTE	POTENCIA
2 × 2 × 2 × 2 × 2			
	8	4	
			7^5

16 Expresa con potencias de base 10, como se hace en el ejemplo.

$1\,300\,000 = 13 \times 100\,000 = 13 \times 10^5$

a) 2 000 000
b) 40 000 000
c) 16 000 000
d) 100 000 000

17 Expresa en forma de producto o de potencia, según corresponda.

a) $5 + 5 + 5 + 5$

b) $3 \times 3 \times 3 \times 3 \times 3 \times 3 \times 3$

c) $2 + 2 + 2 + 2 + 2$

d) $4 \times 4 \times 4 \times 4 \times 4 \times 4$

18 Opera.

a) $\sqrt{16}$ b) $\sqrt{64}$ c) $\sqrt{169}$ d) $\sqrt{225}$

19 El reloj que lleva la liebre suena cada 6 minutos, y el que lleva Alicia, cada 9 minutos. ¿Cada cuánto tiempo sonarán a la vez?

20 Calcula estas sumas:

a) (+3) + (+6)
b) (–2) + (–5)
c) (–3) + (–7)
d) (+5) + (+1)
e) (–8) + (–3)
f) (+9) + (+2)

Problemas

21 Organiza la información.

Dispongo de la cantidad que quiera de dígitos, excepto de treses, que solo cuento con 10. ¿Cuántas páginas de mi cuaderno puedo numerar con las cifras que tengo?

22 Sigue unos pasos.

Con los 300 € que tiene ahorrados, Carlos compró una bicicleta por 180 € y cinco juegos para su consola por 14 € cada uno. ¿Cuánto dinero le queda después de la compra?

23 Analiza la solución.

En un cajón hay 8 cajas; en cada caja, 8 estuches, y en cada estuche, 8 lápices de colores. ¿Cuántos lápices de colores hay en el cajón?

Solución de Ana	Solución de Santi
$8 + 8 + 8 =$	$8 \times 8 \times 8 = 8^3 =$
= 24 lápices	= 512 lápices

24 Haz un esquema.

En un rascacielos, como medida de seguridad, a partir de la planta 20, y cada siete plantas, se ha instalado un cuarto blindado contra incendios. Es decir, que en las plantas 20, 27, 34, ... hay un cuarto donde te puedes poner a salvo si comienza un fuego. ¿A qué planta te tendrías que dirigir si estuvieras en la 130 y hubiera un incendio?

25 Ordena el enunciado.

- Jaime aparcó en el cuarto sótano;
- Cristina, Jaime y Ana han ido, cada uno con su coche, a unos grandes almacenes.
- Ana, en el segundo sótano,
- ¿Cuántas plantas tienen que subir cada uno para encontrarse en la cafetería de la séptima planta?
- y Cristina, en el tercero.

APRENDER ES CRECER es un proyecto educativo de Anaya Educación para el sexto curso de Educación Primaria.

En la realización de este libro han intervenido:

Coordinación editorial:
Ángela Valdés

Ilustraciones:
Sonia Alins y Rafael Carralón

Edición:
Ana Fernández, Beatriz Fuentes y Paz Utrera

Maquetación:
Toñi Font

Diseño de cubierta e interiores:
Miguel Ángel Pacheco y Javier Serrano

Corrección:
Sergio Borbolla

Tratamiento infográfico del diseño:
Patricia Gómez

Gráficos:
Miguel Ángel Castillejos, Miguel Ángel Díaz-Rullo y Rafael Sombría

Fotografías:
Agefotostock, Album, Archivo Anaya (Candel, C.; Cosano, P.; Estrada-Nora, R.; Ortega, Á.; Ortiz, J.; Steel, M.), Museo de Artes y Tradiciones Populares, Universidad Autónoma de Madrid, NASA, 123RF.

Edición gráfica:
Mar Merino

Las normas ortográficas seguidas son las establecidas por la Real Academia Española en la *Ortografía de la lengua española,* publicada en el año 2010.

Nuestras publicaciones mantienen el rigor en el uso y en la selección de los contenidos, en las imágenes y en el lenguaje, para cumplir con la **no discriminación** por razón de género, cultura u opinión.

IMPORTANTE. Las actividades propuestas en este libro deben ser realizadas en cuadernos u hojas sueltas; **nunca en el propio libro**.

© Del texto: Luis Ferrero de Pablo, Pablo Martín Martín, Gloria Alonso Garzón, Emma Isabel Bernal López, 2015.
© Del conjunto de esta edición: GRUPO ANAYA, S.A., 2015 - C/ Juan Ignacio Luca de Tena, 15 - 28027 Madrid
ISBN: 978-84-678-8078-6 - Depósito Legal: M-17857-2015 - Printed in Spain.

Reservados todos los derechos. El contenido de esta obra está protegido por la Ley, que establece penas de prisión y/o multas, además de las correspondientes indemnizaciones por daños y perjuicios, para quienes reprodujeren, plagiaren, distribuyeren o comunicaren públicamente, en todo o en parte, una obra literaria, artística o científica, o su transformación, interpretación o ejecución artística fijada en cualquier tipo de soporte o comunicada a través de cualquier medio, sin la preceptiva autorización.

ET025643/1E2I - 8410535